명왕성 연대기

닐 디그래스 타이슨

김유제 옮김

명왕성

우리가 사랑한
작은 행성의
파란만장한 역사

연대기

THE PLUTO FILES

사이언스
SCIENCE BOOKS 북스

명왕성을 사랑하는
어린이와 어른 모두에게

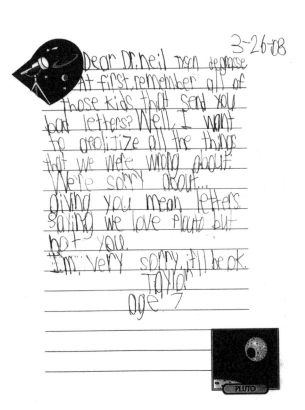

3-26-08

Dear Dr.neil tyson degrasse
At first,remember all of
those kids that send you
bad letters? Well, I want
to apolijize all the things
that we were wrong about.
We're sorry about...
giving you mean letters.
saying we love pluto but
not you.
I'm very sorry, it'll be ok.
Taylor
age 7

PLUTO

테일러 윌리엄스의 편지. 플로리다 주의 탬퍼에 있는 롤런드 루이스 초등학교 2학년의 카치 선생님 반 학생인 테일러 윌리엄스가 2008년 봄에 보내온 편지. "2008년 3월 26일, 닐 디그래스 타이슨 박사님께. 먼저, 박사님께 나쁜 편지 보낸 모든 아이를 기억하세요? 우리의 모든 잘못에 대해 사과드리고 싶어요. 우리가 명왕성은 사랑하지만 박사님은 밉다는 심술궂은 편지들을 박사님께 보내서 죄송해요. 정말 죄송해요. 앞으로는 괜찮을 거예요. 테일러, 일곱 살."

책을 시작하며

이 책은 명왕성이 행성의 반열에 올랐다가 그 지위를 잃는 과정에서 언론 보도나 공개 토론, 만화 등을 통해 드러난 여론과 더불어 불만 많은 초등학생들과 교사들, 자기 주장을 알리고 싶은 일반인들, 그리고 필자의 동료들로부터 받은 편지들을 집대성한 기록이다.

2000년 2월, 미국 자연사 박물관은 헤이든 천체 투영관(Heyden Planetarium, 헤이든 천문관)의 재건축을 포함해 2억 3000만 달러가 투입된 프레더릭 피니어스 앤드 샌드라 프리스트 로스 지구 및 우주 센터(Frederick Phineas and Sandra Priest Rose Center for Earth and Space, 로스 센터)를 뉴욕 시 81번가와 센트럴파크 웨스트의 교차로 근처에 개장했다. 행성 과학계에서는 이미 명왕성의 분류에 대해 문제를 제기하는 의견들이 있었지만, 이 센터의 태양계 전시 방식은 공공 기관으로서는 전례 없이 파격적이었다.

로스 센터는 태양계 주요 구성원들의 전시 모형과 관련 설명문을 포함한 전시물의 전반적 배치에서 행성들과 각 행성에 딸린 위성들을 차례로 열거하는 대신에 비슷한 특성을 가진 천체들끼리 묶어서 보여 주는 방식을 택했다. 그 결과, 명왕성은 해왕성 너머에서 우후죽순 발견되는 얼음 천체 무리 속으로 밀려나게 되었고, 지구형 암석 행성(수성, 금성, 지구, 화성)이나 거대 기체 행성(목성, 토성, 천왕성, 해왕성) 모형들에는 아예 끼지도 못하는 데다가 아예 언급조차 되지 않는 처지가 되었다. 이러한 전시 방식을 택함으로써 로스 센터는 명왕성이 행성이라는 개념 자체를 사실상 포기해 버린 셈이 되었다.

이러한 선택은 로스 센터의 설계와 건설을 주관했고 필자가 위원장을 맡았던 과학 위원회의 일치된 의견이 반영된 결과였다. 따라서 이와 관련한 교육적 접근 방식의 발상이나 그 결과에 대한 책임은 위원회 전체가 같이 짊어져야 함에도, 로스 센터 개관 후 1년이 지난 시점에《뉴욕 타임스》1면에 로스 센터가 명왕성을 행성 지위에서 끌어내렸다는 기사가 실리자, 헤이든 천체 투영관 관장이던 필자가 대표 격으로 비난의 표적이 되어 버렸다. 더불어 졸지에 전 세계 명왕성 마니아로부터 공공의 적으로 낙인찍히는 신세가 되었다.

이런 유명세는 2006년 8월 체코의 프라하에서 열린 국제 천문 연맹(International Astronomical Union, IAU)의 3년마다 열리는 총회에서 국제 행성 과학계와 일반 대중의 압력에 따라 명왕성의 행성 지위가 표결에 붙여질 때까지 지속되었다. 투표 결과는? 명왕성은 공식적으로 '행성'에서 '왜소 행성'으로 강등되었고 덕분에 우리가 감내해야 했던 6년간의 끈질긴 부정적 시선으로부터 어느 정도 벗어날 수 있었다.

어느 한 기관이 단독으로 명왕성의 태양계 내 지위를 재정립하는 것과 천문학자들로 이루어진 국제 기구가 그에 대한 결정을 내린다는 것은 엄연히 그 무게가 다를 수밖에 없다. IAU의 투표 결과가 공개되자 흥분한 언론 보도가 잇따르면서 일시적이나마 이라크 전쟁, 다르푸르에서의 대량 학살, 지구 온난화 관련 뉴스를 압도하기까지 했다.

이 책 『명왕성 연대기(*The Pluto Files*)』는 일반 시민과 전문가, 언론 모두를 사로잡은 명왕성의 놀라운 마력에 대한 기록이다.

뉴욕 시에서

닐 디그래스 타이슨

책을 시작하며

차례

책을 시작하며 …… 7

1 문화 속의 명왕성 …… 13

2 역사 속의 명왕성 …… 41

3 과학에서의 명왕성 …… 57

4 명왕성의 몰락 …… 81

5 미국을 분열시킨 명왕성 …… 149

6 명왕성 최후의 날 …… 175

7 왜소 행성이 된 명왕성 …… 201

8 초등학교 교실에서의 명왕성 ……227

9 명왕성의 후일담 …… 233

부록 A   명왕성 자료 …… 239

부록 B   「행성 X」(가사 전문) …… 241

부록 C 「나는 그대의 달」(가사 전문) ······ 254

부록 D 「명왕성은 이제 행성이 아니라네」(가사 전문) ······ 260

부록 E 로스 센터의 명왕성 전시 방식에 대한 필자의 공식 보도 자료 ··· 265

부록 F 행성의 정의에 관한 국제 천문 연맹의 결의안 ······ 271

부록 G 명왕성의 행성 지위에 관련한 뉴멕시코 주의 법안 ······ 274

부록 H 명왕성의 행성 지위에 관련한 캘리포니아 주의 법안 ······ 276

후주 ······ 279

더 읽을거리 ······ 285

도판 저작권 ······ 288

옮긴이 후기 ······ 290

찾아보기 ······ 296

1
문화 속의 명왕성

1930년 2월 18일 오후 4시경 미국 일리노이 주 시골 출신의 24세 아마추어 천문학도 클라이드 윌리엄 톰보는 조만간 로마 신화에서 저승 및 지하 세계의 지배자였던 신(神)의 이름이 붙을 천체를 발견했다. 그는 애리조나 주 로웰 천문대에서 일하면서 태양계 저편에 있다고 알려진 미지의 행성 X를 찾던 중이었다. 로웰 천문대는 부유한 미국 천문학자 퍼시벌 로웰이 1894년에 설립했는데, 그는 1916년 사망하기 전 훗날 톰보가 마무리하게 될 천체 탐사를 시작했다. 1930년 3월 13일, 로웰 천문대는 명왕성의 발견을 공식 발표했다.

그리고 바로 그 직후에 유명한 건축학적 이정표 두 개가 완공되자마자 구시대의 유물이 되어 버리는 사건이 일어났다. 명왕성이 발견되고 불과 두 달 뒤인 1930년 5월 12일 시카고의 사우스 레이크 쇼어 드라이브에서 애들러(Adler) 천체 투영관이 개관했는데, 천체 투영관으로서는 서양에서 최초였을 뿐만 아니라, 현존하는 것 중에는 세계에서 가장 오래된 천체 투영관이기도 하다.[1] 아르 데코풍 조각으로 화려하게 장식된 이 건물의 현관 로비는 명왕성이 발견되기 오래전에 설계되었기 때문에 원형으로 배열된 태양계 행성 명판들이 대표 전시품이었던 로비 벽은 명왕성은 당연히 누락된 채 여덟 개 행성들만으로 꾸며지게 되었다. (그림 1.1과 그림 1.2)

그리고 뉴욕 시의 5번 도로를 따라 50번가와 51번가 사이에는 성 패트릭 대성당 입구의 길 건너편에 거대하고 육중한 아틀라스의 황동 동상이 서 있다. 이 동상은 조각가 리 로리가 1920년대에 만든 설계에 따라 대규모 아르 데코 록펠러 센터 복합 단지의 일환으로 1930년대에 세워졌다. (그림 1.3과 그림 1.4)

신화에 대해 좀 안다면, 아틀라스는 자신이 저지른 잘못으로 인해 제우스 신으로부터 하늘과 땅이 태초처럼 다시 합쳐지지 않도록 지구의 서쪽 끝에서 하늘 전체를 어깨에 떠받치고 서 있어야 하는 벌을 받았다는 사실을 기억할 것이다. 하늘을 표현하기 위해 예술 작품에서 흔히 쓰던 방식대로 로리는 구형 격자로 이뤄진 천구(天球)를 주조했다. 그리고 아틀라스가 온 우주를 짊어지고 있다는 사실을 확실히 보여 주기 위해 이 천구 격자에 지구의 달을 포함해서 각 행성을 상징하는 기호를 새겨 넣었다. 물론 1920년대에는 명왕성이 아직 발견되지 않았으므로 명왕성은 이 목록에서도 빠질 수밖에 없었다. 아틀라스의 천구에는 수성에서 해왕성까지 망라되어 있지만 아홉 번

그림 1.1. 시카고의 애들러 천체 투영관. 명왕성이 발견되고 나서 불과 두 달 후에 개관했다.

1 문화 속의 명왕성

그림 1.2. 태양빛을 받아 무지개가 뜬 시카고 애들러 천체 투영관의 현관 로비. 천체 투영관장 폴 내펜버거(왼쪽)와 필자가 1930년에 제작된 여덟 개의 부조 명판 옆에 서 있다. 태양계의 각 행성마다 명판이 하나씩 제작되었는데 이 명판들이 만들어질 당시에 아직 발견되지 않았던 명왕성의 명판은 없다.

그림 1.3. 아틀라스 동상이 뉴욕 시 5번 도로변의 록펠러 센터에서 아르 데코 양식의 거대하고 우람한 모습을 자랑하고 있다. 아틀라스의 어깨를 가로질러 새겨진 태양계 천체 목록에는 명왕성이 빠져 있다. 동상은 명왕성이 발견되기 전인 1920년대에 로리에 의해 설계되었다.

1 문화 속의 명왕성

그림 1.4. 아틀라스 동상의 세부 모습. 아틀라스의 근육질 복근과 불룩한 이두근 위쪽에 걸쳐진 멍에(천구의 격자틀)에 태양계의 여덟 개 행성과 달이 부조로 새겨져 있다. 오른쪽에서 왼쪽으로 수성, 금성, 달+지구, 화성, (아틀라스의 미식 축구 선수 같은 두꺼운 목 뒤에 가려진) 목성, 토성, 천왕성, 그리고 마지막 해왕성까지 순서에 따라 각 천체를 상징하는 기호가 배열되어 있다.

째 행성, 즉 명왕성을 위한 자리는 없었다.

음악계도 상황은 비슷했다.

다음번 관현악 작품을 위한 우주적 주제를 찾던 영국 작곡가 구스타브 홀스트는 일곱 악장으로 이뤄진 걸작 「행성(The Planets)」을 1916년에 작곡했다. 홀스트는 행성들의 이름이 유래한 로마 신화 속 등장 인물들의 삶과 시대로부터 자신의 음악적 주제를 이끌어 냈다. 물론 당시에는 아직 발견되지 않았던 명왕성에 헌정된 악장이 없고 고대에는 행성으로 간주되지 않았던 지구도 빠지다 보니 총 7악장이 되었다.

톰보의 명왕성 발견 후에 홀스트는 지하 세계를 주제로 명왕성 악장을 작곡하기 시작했다. 그런데 곡이 일부분만 완성된 상태에서 홀스트가 뇌졸중으로 쓰러졌다. 악장의 남은 부분을 제자에게 구술하려고 했지만 그 결과에 만족할 수 없었던 홀스트는 (마치 명왕성의 운명을 부지불식간에 예측이라도 한 듯) 결국 포기하고 말았다.

이대로 천상의 음악을 내버려 둘 수 없었던지, 작곡가이자 홀스트 연구가인 콜린 매슈스는 맨체스터 주재 할레(Hallé) 관현악단을 위해 2000년에 '누락된' 명왕성 악장을 작곡했다. 그러나 2006년 명왕성의 지위가 '왜소 행성'으로 강등됨에 따라, 애초의 의도는 좋았을지라도, 매슈스의 악장은 태양계 변두리의 신비스런 얼음 천체들을 찬양하기 위해 언젠가 미래에 작곡될 관현악곡의 첫 악장이 되는 편이 더 적절해 보인다.

클라이드 톰보가 행성 X를 찾고 있던 때는 질풍노도의 1920년대가 절정에 이르렀던 시기다. 당시 대부분의 미국인들이 명왕성의 영어 이름인 플루토(Pluto)와 관련해서 가장 많이 떠올렸던 이미지는, 대대적인 광고 덕분에 거의 일상 용품이 되어 버린 광천수 하제(下劑) '플루토 워터(Pluto Water)'였다. "30분에서 2시간 내에 변비 해소"를 장담하던 플루토 워터는 인디애나 주의 블루밍턴에서 남쪽으로 약 80킬로미터 떨어진 궁전처럼 으리으리한 '프렌치 릭 스프링스(French Lick Springs)' 호텔 구내에서 제조되었다. 뇌리에 콕 박히는 광고 문구에 한술 더 떠서 플루토 워터는 "자연이 해결 못 하면 플루토가 해결하겠다."라고 공언했다. 따라서 당시 미국인들이 새로 발견된 행성을 플루토로 부를 생각이 전혀 없었으리라는 것은 자명했다.

퍼시벌 로웰의 미망인 콘스턴스는 새 천체의 이름으로 '퍼시벌 (Percival)'을 제안했지만, 천문학자들에게 그런 이름은 낯설었다. 하지만 행성 작명의 역사에서 우주적 무지를 드러낸 경우가 이번이 처음은 아니었다. 영국의 천문학자 윌리엄 허셜은, 뒤에 좀 더 자세히 설명하겠지만, 1781년 (어느 특정인이 발견한 경우로는 최초로) 행성을 발견했다는 확신이 들자, 귀족 출신에 걸맞은 행동을 했다. 즉 새 행성의 이름에 자신이 모시던 왕, 즉 조지 3세의 이름을 따서 붙인 것이다. 그로부터 몇 년간 태양계 행성들은 수성, 금성, 지구, 화성, 목성, 토

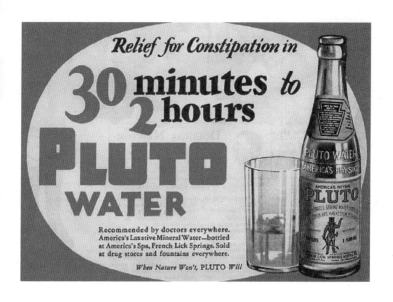

그림 1.5. 11세의 한 영국 소녀가 새 행성을 명왕성(Pluto)으로 명명했을 당시 미국에서 잘 나가던 하제인 '플루토 워터'의 1932년도 광고. 광고 문구는 다음과 같다. "30분에서 2시간 내 변비 해소 / 플루토 워터 / 모든 의사들이 추천하는 미국의 광천수 하제. 미국의 온천장 프렌치 릭 스프링스에서 제조. 전국의 약국과 식품점에서 판매. / 자연이 해결 못 하면 플루토가 해결하겠다."

1 문화 속의 명왕성

성, '조지의 별(Georgium Sidus)'의 순서로 불렸다. 아무리 왕의 이름이라 해도 행성을 조지라고 부르는 것은 왠지 마음이 편치 않다. 그런데 나만 그런 게 아니라 다른 사람들도 그렇게 느꼈던 모양이다. 결국, 로마식 명명법으로 다시 돌아가서 로마 신화에서 하늘의 신이자 '어머니 지구'의 아들이자 남편의 이름을 따서 우라누스(Uranus), 즉 천왕성으로 부르게 되었다.

1600년대 초, 갈릴레오 이래로 전통적으로 행성의 위성 이름은 그 행성 이름이 기원한 로마 신화의 신에 대응하는 그리스 신화의 신의 일생에 등장하는 인물들의 이름을 따서 지었다. 예를 들어, 목성의 가장 밝은 네 위성, 이오, 가니메데, 칼리스토, 유로파는 그리스 신화의 제우스 신의 일생에 등장하는 인물들인 반면에 목성의 영문 이름은 제우스에 대응하는 로마 신화의 신인 주피터(Jupiter)다. 그런데이 규칙에는 예외가 하나 있다. 자신들이 발견한 행성에 왕의 이름을 붙이지 못하는 굴욕을 겪은 영국인들을 달래기 위해 천왕성의 위성들에는 셰익스피어 연극의 등장 인물들 이름이 주어졌다. 그중에는 아리엘, 캘리번, 미란다(모두가 「폭풍」의 등장 인물), 오베론과 퍽(둘 다 「한여름 밤의 꿈」에 등장) 그리고 비앙카(「말괄량이 길들이기」에 등장)가 있다.

새로 발견된 행성을 플루토의 이름을 따서 부르자는 제안은, 1930년 3월 14일 금요일 영국의 옥스퍼드 시에 사는 11세의 초등학생 베네치아 버니가 아침 식사 중에 할아버지가 로웰 천문대의 새로운 행성 발견에 대한 뉴스 기사를 읽어 주었을 때, 처음 언급했다고

그림 1.6. 영국의 옥스퍼드 시에 사는 11세 초등학생 버니는 천문학계 인맥이 있었던 할아버지가 로웰 천문대의 행성 발견 뉴스 기사를 읽어 주자 명왕성의 이름을 처음 제안했다. 그녀는 고대 그리스 신화와 로마 신화에 대해 배웠기 때문에 지하 세계의 신인 플루토에 대해서도 잘 알고 있었다.

1 문화 속의 명왕성

한다. 대서양 건너 미국에서와는 달리, 아마도 버니는 인디애나 주의 플루토 워터 하제를 사용해 본 적이 없거나 혹은 들어 본 적조차 없었기 때문에 그 이름과 연관된 생리 작용에 대한 편견으로부터 자유로울 수 있었을 것이다. 버니는 고대 그리스, 로마 신화에 대해 배웠고 물론 다른 행성들의 이름도 알고 있었다. 명왕성의 이름은 아직 사용되지 않은 데다 결정적으로 플루토가 망자들의 신이자 어둠의 영역인 지하 세계의 신이라는 사실을 잘 알고 있던 버니는 할아버지에게 "플루토라고 부르면 어때요?"라고 불쑥 말했다.[2] 사실, 태양에서 64억 킬로미터 떨어진 곳이라면 어둠 말고 또 무엇이 있겠는가?

나머지 이야기는 역사의 한 페이지가 되었다. 아니면 그저 단순한 행운이었다고 해야 할까. 버니의 할아버지, 팰코너 매던은 옥스퍼드 대학교의 보드리언(Bodleian) 도서관에서 사서로 일하다가 은퇴했는데 우연히도 많은 천문학자들과 친분이 있었다. 매던은 이 이름을 옥스퍼드 대학교 교수인 허버트 홀 터너(여러 업적이 있지만 그중에 유명한 것은 파섹(parsec)[3]이라는 용어를 고안한 일이다.)에게 제안했고, 터너는 이를 즉시 로웰 천문대의 동료 천문학자들에게 전신으로 알렸다.

행성 이름의 다른 후보 중에는 아르테미스, 아틀라스, 콘스턴스, 로웰, 미네르바, 제우스, 자이멀(Zymal) 등이 포함되어 있었다. 그러나 결국은 플루토, 즉 명왕성이 승리했다. 또한 로마 신화에서 주피터(목성)와 넵튠(해왕성)이 플루토의 형제들이므로 그 이름은 화목한 가족의 이미지를 완성시킬 수 있었다.

그림 1.7. 옥스퍼드 대학교 교수이자 왕립 천문학자를 역임한 터너는 11세 초등학생 버니의 (새 행성의 이름을 명왕성으로 하자는) 제안을 그녀의 할아버지이자 옥스퍼드 대학교 보드리언 도서관의 사서였다가 은퇴한 매던을 통해 듣자마자 즉시 대서양 건너 로웰 천문대의 동료 천문학자들에게 전신으로 알렸다.

1 문화 속의 명왕성

한편, 천체 작명은 버니의 집안 전통이었던 모양이다. 그녀의 증조부인 헨리 매던은 1877년에 이튼(Eton) 학교의 과학 교사로 재직하던 중에 당시 새로 발견된 화성의 두 위성을 그리스 신화의 전쟁의 신인 아레스의 아들들이자 전우들의 이름을 따서 각각 포보스(Phobos, 두려움)와 데이모스(Deimos, 공포)로 명명했다. 버니는 나중에 결혼해 베네치아 버니 페어로 이름이 바뀌었고 경제학 교사로 일하다가 고향인 영국 엡섬(Epsom)에서 은퇴 후 여생을 보냈다.

로웰 천문대는 1930년 5월 1일 미국 천문 학회, 영국 왕립 천문학회, 《뉴욕 타임스》에 동시에 보낸 서한에서 공식적으로 새 행성의 이름을 플루토(명왕성)로 하자고 제안했다. 명왕성의 공식적인 상징 기호(♇)는 플루토 단어의 첫 두 문자이면서, 다행스럽게도, 이 행성 탐사 프로젝트를 처음 추진했던 퍼시벌 로웰의 두 머리글자이기도 한 P 와 L이 겹쳐져 나란히 정렬된 모양을 가졌다.

그로부터 11년 후인 1941년에 글렌 시어도어 시보그가 이끄는 일단의 물리학자들이 세계 유수의 하전 입자 가속 장치 중 하나인 캘리포니아 대학교 버클리 캠퍼스의 사이클로트론에서 일하다가 주기율표(화학 수업에 항상 등장하는 격자 형태의 표를 기억하는지?)에 포함될 새로운 원소를 만들어 냈다. 중심핵에 아흔네 개의 양성자를 가진 이 새 원소에도 이름을 붙여 줘야 했다. 당시 태양계 저편에서 새로 발견된 행성의 존재가 한창 부각되던 중이었던지라 새 원소는 플루토늄(Plutonium)으로 명명되었다. 쉽게 핵분열이 일어나는 이 원소는 미국 공군이 1945년 7월 16일 뉴멕시코 주의 트리니티(Trinity) 시험장에서 사상 최초로 핵무기 폭발 시험을 하고 나서 겨우 몇 주 만인 1945년 8월 9일 일본 나가사키에 투하한 원자 폭탄의 폭약 성분으로 사용되었다. 8월 6일에 히로시마에 투하된 핵폭탄은 사전 시험을 거치지 않았다. 이 폭탄에는 우라늄을 사용했는데 폭탄으로서의 조건을 충족하는 우라늄의 핵분열 특성은 이론상으로나 실험적으로 이미 잘 확립되어 있었기 때문이다.

돌이켜 생각해 보면, 플루토늄은 명왕성과 이름을 같이 할 수밖에 없는 운명이었다. 허셜이 천왕성을 발견하고 불과 8년 뒤인 1789년에 독일의 마르틴 하인리히 클라프로트는 자연에 존재하는 가장 무거운 원소를 발견했다. 이 원소에 붙일 이름을 찾던 중에 마침 발견된 지 얼마 안 된 행성인 천왕성(우라누스)으로부터 영감을 받아 우라늄으로 명명했다. 이 원소는 원자핵에 아흔두 개의 양성자를 품고 있어서 주기율표의 아흔두 번째 자리를 차지하게 되었다.

그 다음 자리의 원소가 발견되면 여러분은 어떻게 명명하겠는가? 버클리의 물리학자 에드윈 매티슨 맥밀런과 필립 아벨슨은 1940년에 93번 원소를 발견하자 당연하다는 듯이 해왕성(넵튠)의 이름을 따서 넵투늄으로 명명함으로써 태양계 외곽의 행성 이름 순서대로 원소 이름을 정하는 전통을 세웠다. 이로부터 그 다음 자리의 원소 이름은 자연히 플루토늄이 될 수밖에 없었다.

비록 명왕성은 당시 크기 측정이 불가능할 만큼 왜소했지만, 원소 주기율표에 영구히 자리 잡은 죽음의 신 플루토의 이름은 역사상 가장 파괴적인 무기 중 하나인 원자 폭탄과 연관될 운명을 가지고 있었다.

주기율표에는 다른 천체들의 이름도 헌정되어 있다. 최초로 발견된 두 소행성, 세레스(Ceres)와 팔라스(Pallas)는 세륨과 팔라듐에게 이름을 선사했다. 지구와 달도 광석에서 자연적으로 함께 발견되는 텔루르와 셀렌을 통해 이 대열에 합류했다. (라틴어로 지구를 뜻하는 텔루스(Tellus)와 그리스어로 달을 뜻하는 셀레네(Selene)로부터 유래했다.)

P

한편, 1930년 9월 5일 로스앤젤레스에서 신생 디즈니 영화사가 제작한 탈주범 미키마우스와 이를 추격하는 두 마리의 블러드하운드 종개가 등장하는 「사슬로 묶인 죄수들(The Chain Gang)」이라는 제목의 만화 영화가 개봉했다. 무명의 이 개들이 나중에 미키의 반려견으로 등장하는 플루토의 원조 격이라고 할 수 있지만 그렇게 되기까지는 과도기가 좀 필요했다.

1930년 10월 23일 디즈니 사는 이번에는 로버(Rover, 떠돌이)라는 이름의 블러드하운드 종 개가 등장하는 「소풍(The Picnic)」이라는 제목의 영화를 개봉했는데 여기에서는 미니마우스가 로버의 주인으로 나온다. 로버와 미니는 전과자인 미키와 함께 소풍을 간다. 미니는 먹는 데만 관심이 있고 로버는 노는 데만 관심이 있다. 그러나 감옥에서 긴 시간을 보낸 미키는 미니와 데이트를 하고 싶어 한다. 그런데 로버가 계속 미키와 미니 사이에 끼어 들어 방해하자 미키는 화를 낸다. 로버는 용서를 빌려고 미키와 미니가 폭우 속에서 운전하며 집으로 돌아갈 때 자신의 꼬리를 앞 유리 와이퍼로 사용한다.

드디어 1931년 5월 3일 디즈니 사가 개봉한「쥐 사냥(The Mouse Hunt)」에서 장난기 많은 블러드하운드가 처음으로 미키의 개 플루토로 등장한다. 이른바 생쥐 '미키마우스'가 발표한 보도 자료에 따르면, 월트 디즈니는 펍(Pup, 강아지)과 머리말의 운율을 맞출 수 있게 첫 문자가 P로 시작되는 이름인 플루토를 제안했다고 한다.

월트는 내게 반려 동물이 있으면 좋겠다고 생각했고 결국 강아지로 결정되었다. 디즈니 사 소속 작가들 모두 개의 이름을 짓기 위해 머리를 싸맸다. '로버'와 '팰스(Pals, 단짝)' 등이 후보 목록에 올랐지만 딱히 마음에 들지 않았다. 그러던 어느 날, 월트가 오더니 다짜고짜 말했다. 강아지 플루토(Pluto the Pup)가 어떨까? 그렇게 이름이 정해졌다.[4]

대략 20편의 만화 영화에 출연하고 나서야 플루토에게도 마침내 주인공의 기회가 찾아왔다. 1937년 11월 26일 디즈니는「플루토의 다섯 강아지들(Pluto's Quin-Puplets)」을 개봉했는데, 이 영화에서 플루토는 그의 발바리 종 아내 피피(Fifi)가 먹이를 찾으러 외출한 사이,

1 문화 속의 명왕성

졸지에 다섯 마리 새끼들을 돌봐야 하는 처지가 되었다. 그러나 플루토가 밀조된 술에 취해 해롱거리는 동안 강아지들이 온 집안을 휘저어 놓는다. 집에 돌아온 피피는 개집에서 이 말썽꾸러기들을 모두 쫓아낸다.

　만화 영화의 아이돌도 시작은 그렇게 미미했다.

ㄹ

디즈니 영화의 등장 인물 플루토와 행성 플루토 간에는 뚜렷한 연결 고리를 찾을 수 없음에도 불구하고 모종의 관계를 의심하는 눈초리가 항상 따라다녔다.[5] 물론, 월트 디즈니가 미키의 개에게 이름을 지어 주면서 설마 변비를 염두에 두었을 것 같지는 않다. 「쥐 사냥」이 개봉되기 1년 전부터 행성 플루토는 이미 미국 대중의 마음을 사로잡고 있었기 때문이다. 그렇다고 해서 월트 디즈니가 그의 개 이름을 지을 때 천문학적 연관성을 고려했는지 안 했는지는 여기에서 중요치 않다. 문제는 태양계에서 행성 플루토(명왕성)가 갖는 천체 물리학적 중요성과 비교해서 지나치게 막대한 명왕성에 대한 미국 대중의 관심의 씨앗이 이로 인해 뿌려졌다는 것이다. 《뉴욕 타임스》의 과학 기자 맬컴 와일드 브라운은 명왕성에 관한 1999년 2월 9일자 기사에서 이름을 밝히지 않은 한 천문학자의 말을 인용해서 이와 유사한 결론에 도달한다.

만약 명왕성이 스페인 인이나 오스트리아 인에 의해 발견되었다면 명왕성을 소행성으로 재분류하려는 시도에 미국 천문학자들이 그렇게까지 반대하지는 않았을 것이다.

그로부터 수십 년의 세월이 흐르면서 월트 디즈니 그룹은 규모와 영향력, 재산에서 세를 불려 가며 현재 300억 달러 가치의 기업이 되었고(2019년 기준 월트 디즈니 사의 시가 총액은 2400억 달러 이상이다. — 옮긴이) 덩달아 플루토의 이름이 미국인의 집단 정서에서 차지하는 비중도 막강해졌다. 디즈니 사가 플루토 그리고 명왕성과 연관된 미국인의 감정을 사실상 쥐락펴락하는 위치에까지 이르렀으므로 디즈니 제국을 '플루토크라시(Plutocracy, 금권주의)' 정부라고 부른다 해도 크게 잘못된 표현은 아닐 것이다. (그리스 어에서 플루토스(Plutos)는 '부(富, weath)'를 의미하며 그리스 신화에서 부유의 신의 이름이기도 하다. 또한 플루토스는 지구의 모든 값진 광물이 묻혀 있는 지하 세계를 관장하는 신인 플루토의 자식으로 묘사되기도 한다. Plutocracy라는 용어 역시 여기에서 유래했다. — 옮긴이)

Plutocracy(명사) 금권주의. 부자들에 의해 통치되는 정부.
① 금권에 의해 통치되는 국가 혹은 사회
② 권력의 기반이 재산인 엘리트 혹은 지배 계급의 사람들.[6]

뉴욕 시에 있는 미국 자연사 박물관에서 일하는 과학자라는 위치 덕분에 나는 동물계 전체를 망라하는 전문가 동료들과 수시로 교류할 수 있는 위치에 있다. 그들 중에는 파충류학자, 고생물학자, 곤충학자, 포유동물학자 등이 있다. 따라서 비록 내가 자연사의 모든 주제에 통달했다고 말할 수는 없지만 최소한 기본 지식은 갖추었다고 말할 수 있다. 그런데 플루토가 미키의 강아지라면 어떻게 미키는 플루토의 생쥐가 아닌 건지 진정 의문스럽다.

디즈니 우주에서는 포유동물의 분류가 뭔가 심히 잘못되어 있다.

나중에 알게 된 사실이지만, 디즈니 영화에서는 동물 종에 상관없이 옷을 입고 등장하는 캐릭터는 반려 동물을 소유할 수 있는 반면에, 반려 동물 역을 맡은 종은 목줄을 제외하고는 아무런 옷도 입을 수 없다. 플루토는 '플루토'라고 쓰여진 목줄 외에는 발가벗은 채 돌아다닌다. 미키는 노란 신발과 바지, 하얀 장갑에다 때때로 나비넥타이까지 착용한다. 디즈니 우주에서는 겉에 걸친 복장으로 계급을 나누는 것이 분명하다.

ㄹ

어떤 특정 단어나 이름, 개념, 혹은 개체는 문화에 스며들어 그 일부가 되는 반면에 어떤 것들은 왜 우리의 관심에서 결국 멀어지게 되는지 우리는 명확하게 이해하지 못한다. 내가 초등학생을 대상으로 지속적으로 실시하는 투표 결과를 보면, 가장 선호하는 행성은 항상 명왕성이고 지구와 토성은 한참 아래에 있는 2등이다. 인간의 어떤 인식 수준에서 판단되는, 귀에 들리는 특정 단어의 어감 또는 그 단어의 이국적 의미와 같은 사소한 차이로 인해, 그 단어가 대중적 인기를 얻어 이른바 대박을 칠 수도 있고 혹은 반대로 쪽박을 찰 수도 있다. 예를 들어, 모든 행성들 중에서 명왕성은 농담 도중에 "글쎄, 자기가 뭐 명왕성에라도 있는 줄로 착각했나 보지!"처럼 허를 찌르는 핵심 단어로서 가장 잘 어울린다. 다른 모든 행성들의 이름은 신화속의 신으로부터 유래한 데다가 그런 신의 막강한 힘과 능력은 부러움을 불러일으킨다. 반면에 어둡고 축축한 망자의 거주지를 관장하는 신에서 유래한 명왕성의 이름은 왠지 좀 처량하고 우스워 보이기 때문이다.

고금동서를 막론하고 문화적 스며듦의 정도를 측정하는 최고의 방법은 사회학자의 담론이 아니라 예술가의 창작을 통해서였다. 언젠가 플루토 전시회를 뉴욕 현대 미술관에서 보게 될 날이 온다 해도 아직은 한참 먼 훗날일 것이므로, 막간을 이용해서 플루토와 국내 정치를 함께 요리하고 싶은 창조적 욕구를 만화가들이 억누를 수는 없었을 것이다.

아마도 이 모든 게 촌뜨기들의 아우성에 불과하다는 사실을 더이상 부인해서는 안 될지도 모른다. 디즈니는 미국 기업이고 미키마우스는 만화계의 왕족이며 플루토는 미키의 반려견이다. 행성 플루토는 보스턴 상류층의 후예가 투자하고 추진해서 애리조나에서 진

1 문화 속의 명왕성

그림 1.8. 개 플루토와 행성 플루토, 즉 명왕성을 문화적 측면에서 함께 다루는 기회는 만화가들에게는 뿌리치기 힘든 유혹이다. (왼쪽)《커머셜 어필(*Commercial Appeal*)》에 실린 만화에서 만화가 빌 데이는 미국인의 무한한 과학적 무지에 대해 풍자한다. "전 세계의 과학자들이 우주적 질문 '플루토(명왕성)는 과연 무엇인가?'에 답하기 위해 모였다." "당연히 개잖아!" (오른쪽) 모든 행성 중에서 가장 제멋대로 행동하는 플루토(명왕성)가 결국 우주 개집으로 쫓겨났다.《시카고 트리뷴》에 실린 딕 로처의 만화. "이 나쁜 행성아!!"

1 문화 속의 명왕성

행된 탐사에서 미국 중부 출신 시골 청년에 의해 발견되었다.

더 나아가 우리는 태양으로부터 거리에 따른 행성의 순서를 외우는 신종 사업까지 발전시켰다. (아래 각 문장의 영어 원문은 대문자로 시작되는 각 단어의 첫 문자가 태양계 행성 배열 순서에 따른 각 행성 이름의 첫 문자와 일치하도록 구성되었다. 예외적으로, 일곱 번째 문장은 U와 N의 단어 위치가 바뀌어 있다. 그러나 우리말 번역문은 이러한 의도를 살리지 못한다는 사실에 유의할 것. ─ 옮긴이)

My Very Easy Method Just Simplifies Us Naming Planets.

My Very Excellent Mother Just Served Us Nine Pickles.

My Very Educated Mother Just Stirred Us Nine Pies.

My Very Excellent Man Just Showed Us Nine Planets.

My Very Easy Memory Jingle Seems Useful Naming Planets.

My Very Excellent Monkey Just Sat Under Noah's Porch.

My Very Early Mother Just Saw Nine Unusual Pies.

Mary's Velvet Eyes Makes John Sit Up Nice and Pretty.

Mary's Violet Eyes Makes John Stay Up Nights Pondering.

Many Very Eager Men are Just Sissies Under Normal Pressure.

Man Very Early Made Jars Stand Up Nearly Perpendicular.

My Very Elegant Mother Just Sat Upon Nine Porcupines.

(아주 쉬운 내 방법은 우리끼리 행성 이름 짓기를 아주 쉽게 한다네.

아주 훌륭한 우리 엄마가 방금 우리에게 아홉 개의 피클을 내놓았다네.

교양 많은 우리 엄마가 방금 우리에게 아홉 개의 파이를 만들어 주었다네.

아주 훌륭한 우리 선생님이 방금 우리에게 아홉 개의 행성을 보여 주었다네.

아주 쉬운 내 기억법은 행성 작명에 유용해 보인다네.

아주 영리한 내 원숭이는 노아의 현관 아래에 앉아 있다네.

아주 일찍 일어난 우리 엄마는 방금 아홉 마리의 이상한 까치들을 보았다네.

매리의 벨벳 같은 눈은 존을 반듯하고 얌전하게 행동하게 한다네.

매리의 보랏빛 눈은 존을 밤새 고민하게 한다네.

(여자들에게) 너무 열정적인 많은 남자들이 평상시에는 그저 못난이들이라네.

아주 옛날 사람들은 항아리를 좁고 길게 만들었다네.

아주 우아한 우리 엄마가 방금 아홉 마리의 두더지 위에 앉았다네.)

이 기억법들 대부분은 명왕성을 상징하는 단어 P가 문장의 핵심 역할을 하기 때문에 만약 P로 시작되는 단어가 행여 빠지기라도 하면 문장이 아예 성립되지 않을 수 있는 위험 부담을 안고 있다.

1980년대 이래로 가장 인기 있는 행성 기억법은 특히 미국 초등학생들이 좋아하는 음식인 피자[7]와 플루토를 연관시킨 "My Very Educated Mother Just Served Us Nine Pizzas. (교양 많은 우리 엄마가 방금 우리에게 아홉 판의 피자를 내놓았다네.)"였다. 많은 기발한 기억법들이 유포되었지만 다른 어떤 기억법도 그 인기를 따라가지 못했다.

돌이켜보니, 어쩌면 나야말로 행성 기억법에 피자를 도입한 장본인인지도 모른다. 대학원 시절 초반에 (입학은 텍사스 대학교 오스틴 캠퍼

37

1 문화 속의 명왕성

스로 했지만 졸업은 뉴욕에 있는 컬럼비아 대학교에서 했다.) 플루토와 연관해서 들어본 기억법은 자두(prune)가 유일했는데, 자녀의 위장 건강에 신경 쓰는 교양 있는 엄마라면 당연히 자녀에게 권할 과일이었다. 더구나 자두는 플루토 워터처럼 하제로 사용되는 다소 뜬금없는 공통점마저 있었다. 나는 자두는 싫어하지만 피자는 좋아한다. 미국인들이 하루에 총 40만 제곱미터의 피자를 먹어 치운다는 사실을 고려할 때 나만 그런 것도 아닌 데다가, 자두 아홉 개도 아니고 피자를 아홉 판이나 한번에 먹으라고 내놓는다는 것이 얼마나 터무니없는지에 대한 고민은 제쳐놓기로 했다. 그런 식으로 1980년부터 텍사스 대학교에서 강의 조교를 하는 동안 맡았던 모든 천문학 개론 대형 강의에서 '자두'를 '피자'로 바꾸어 사용했던 일이 기억난다. 내가 텍사스를 떠날 즈음에는 내 수업을 들은 학생이 족히 수천 명은 되었을 것이다. 또한 1988년에 출판된 내 첫 책 『멀린의 우주 여행(Merlin's Tour of the Universe)』의 행성 기억법에도 피자를 등장시켰다. 그런 뒤에는 1990년대 초 이래로 자두를 명왕성과 연관시켜 말하는 것을 한 번도 들어보지 못했다.

태양에 가까운 순서로 행성들의 목록을 외우는 훈련을 계속하다 보면 학생들뿐만 아니라 교사들에게까지 아홉 개 행성의 열거가 거의 신화적 수준의 의미를 갖게 된다. 태양계를 소개하는 모든 교재들은 학년에 상관없이 항상 태양에 가까운 순서로 열거한 아홉 개 행성의 목록으로 시작해서 행성 사이의 상대적 크기를 보여 주는 표나

그림 1.9. 폴 맥기히가 그린 만화 엽서. 행성마다 한 장씩 엽서가 그려졌지만 대중적 인기에서 명왕성이 나머지 행성들을 압도했다. 만화 속 설명은 다음과 같다. "거대한 달을 가진 꼬마 행성, 머나먼 명왕성(PLUTO)에서의 즐거운 시간 / P: 친절한 주민들, L: 노란색 눈(snow), U: 카론 (Charon), 거대한 작은 달, T: 최상의 고드름 공장, O: 그 밖에는 딱히 볼거리 없음."

1 문화 속의 명왕성

그래프를 함께 보여 준다. 이러한 전통은 교육적으로 마치 추억 속의 음식을 먹는 것과 비슷한 효과를 낳는다. 막내인 명왕성까지 모두 모인 아홉 개 행성 목록의 순서를 공부하다 보면 온 우주가 정상적으로 작동한다는 안도감이 들게 된다. 1980년 칼 세이건이 캘리포니아 주 패서디나에 있는 미국 항공 우주국(NASA) 산하 제트 추진 연구소 소속의 두 동료, 루 프리드먼과 브루스 머리와 함께 설립한 단체인 행성 학회(Planetary Society)조차 대표 전화 번호를 "1-800-9WORLDS"로 정했다. (world는 행성을 뜻하는 단어로도 쓰인다. — 옮긴이)

한편, 1970년대에 발사되었지만 1980년대가 되어서야 외행성들 가까이 지나갈 수 있었던 탐사선 보이저(Voyager) 1호와 2호는 목성, 토성, 천왕성, 해왕성의 위성들이 행성들만큼이나, 어쩌면 그 이상으로 흥미로울 수 있음을 보여 주었다. 그로부터 머지않아 태양계 내에 존재하는 흥미진진한 천체들의 개수가 행성의 개수인 아홉 개를 훨씬 능가한다는 사실이 명백해졌다. 그중에는 명왕성보다 큰 일곱 개의 위성들, 즉 지구의 달, 목성의 이오, 가니메데, 칼리스토, 유로파, 토성의 타이탄, 해왕성의 트리톤이 포함된다. 그동안 행성 이름을 기계적으로 암기하는 초등학교의 전통(우리 대부분에게 태양계와의 첫 만남의 기회가 되어 주었다.)이 놀랍도록 다양한 천체들과 현상들을 품고 있는 세계를 본의 아니게 감춰 버린 셈이었다.

ㄹ
역사 속의 명왕성

명왕성이 있기 전에 행성 X가 있었다.

행성 X는 기존 행성들의 운동을 제대로 설명하기 위해서 태양계 끝자락에 존재하고 있어야 하지만, '아직 발견은 안 된' 천체였다. 최근 들어 이 행성에 대해 들어본 적이 있는가? 아마 없을 것이다. 왜냐하면 이 행성은 사망 선고를 받았기 때문이다. 그렇지만 옛날에는 행성 X의 존재에 대한 전폭적인 믿음이 있었기에 체계적 탐사가 시작되었고 그 결과 명왕성이 발견될 수 있었다.

행성 X의 유명세는 독일 출신의 영국 천문학자 윌리엄 허셜 경이 1781년 3월 13일 거의 우연에 가깝게 천왕성을 발견하면서 시작되었다고 해도 과언이 아니다. 이 발견은 18세기 천문학계를 흥분시켰다. 유사 이래 그 누구도 실제로 행성을 발견한 적은 없었다. 수성, 금성, 화성, 목성, 토성은 맨눈으로도 꽤 잘 보이기 때문에 고대인들도 이미 그 존재를 알고 있었다. 그러나 새로운 행성의 존재를 받아들이기 어려웠던 허셜은 명백한 증거를 앞에 두고도 이 천체가 혜성이라고 굳게 믿었다. 심지어는 이 발견에 대한 논문 제목을 「혜성 보고서(Account of a Comet)」로 붙이기까지 했다.[1] 다른 천문학자들 역시 부정적이었다. 18세기 혜성 발견의 일인자 샤를 메시에는 1781년 4월 29일에 "혜성의 특징이 전혀 보이지 않는 이 혜성이 정말 놀랍다."[2]라고까지 말했다.

별의 위치를 관측한 이전 기록들을 보면 몇몇 관측자들이 허셜보다 먼저 천왕성을 관측한 적이 있었지만 모두가 행성이 아닌 별(항성)이라고 잘못 생각했다. 1769년 1월에 있었던 당혹스러운 사례에서, 프랑스 천문학자 피에르 샤를 르모니에는 천왕성을 여섯 번이나 관측하고도 그 사실을 전혀 깨닫지 못했다. 마침내 이 수수께끼 같은 천체가 별과는 달리 하늘에서 움직인다는 사실을 허셜이 깨달았을 때, 거의 1세기에 걸쳐 축적된 천왕성의 위치에 대한 '발견 이전' 자료 덕분에 천문학자들은 천왕성의 궤도를 상당히 정확하게 계산할 수 있었다. 계산 결과에 따르면, 태양에서 아주 멀리 떨어져 있으면서도 거의 원형에 가까운 전형적인 천왕성의 궤도는 당시 알려진 모든 혜성들의 길쭉한 타원 궤도와 전적으로 달랐다. 이쯤 되면 장님에다가 바보가 아닌 이상 이 새로운 천체를 행성으로 부르는 데 주저할 이유가 없었다.

그러나 태양계의 운행이 마냥 평온하지만은 않았다. 천왕성이 말썽이었다. 태양 주위를 도는 이 새로운 행성의 궤도가 모든 다른 행성들의 중력 영향을 고려했음에도 불구하고 뉴턴의 중력 법칙이 예측한 경로와 달랐던 것이다. 심지어 일부 천문학자들은 태양에서 그 정도로 먼 거리에서는 뉴턴의 법칙이 더 이상 성립하지 않을 수 있다는 의견까지 내놓았다. 이런 주장이 마냥 터무니없는 것은 아니다. 극한 조건에서 물질은 기존 물리 법칙의 예측에서 벗어나는 행동을 보일 수 있고 실제로 그런 일이 가끔 일어나기도 한다. 따라서 만약 뉴턴의 중력 법칙이 이론적으로 아직 미성숙해서 충분한 시험을 거치지 않은 상태였다면 그런 생각이 무리가 아니었을지도 모른다. 그러나 뉴턴의 법칙은 허셜이 천왕성을 발견할 당시에는 이미 100년 동안 예측에서 성공 가도를 달리고 있었다. 가장 유명한 예는, 에드먼드 핼리가 했던, 나중에 자기 이름이 붙을 혜성이 1759년에 다시 돌아오리라는 예측이었다.

그렇다면 가장 단순명료한 결론은 무엇일까? 태양계 저편 어딘가에 숨어 있는 또 다른 천체, 즉 천왕성의 궤도를 계산할 때 중력 항에 포함되어야 할 어떤 천체가 아직 발견되지 않았다는 뜻이다.

18세기 말 무렵에 섭동 이론을 발전시킨 프랑스 수학자 피에르 시몽 드 라플라스는 여러 권으로 이뤄진 권위 있는 논문집,『천체 역학(Mecanique Celeste)』에 자신의 연구 결과를 집대성해서 발표했다. 라플라스의 최신 수학 이론은 미지의 천체로 인한 미세한 중력 효과를 분석하는 데 꼭 필요한 도구를 천문학자들에게 제공해 주었다. 유럽 전역의 수학자들과 천문학자들이 이 최신 분석 수단을 사용해 천왕성에 섭동을 일으키는 원인을 끈질기게 추적했다. 1845년 영국의 한 젊은 신진 수학자 존 쿠치 애덤스는 영국의 왕립 천문학자 조지 에어리 경을 찾아가서 자신에게 여덟 번째 행성을 찾을 기회를 달라고 요청했다. 그러나 새로운 행성을 찾겠다고 무모하게 덤비는 애송이 수학자의 말을 따르는 것이 왕립 천문학자의 체통에 걸맞지 않는다고 생각했던지 애덤스의 요청은 거절당했다. 그다음 해, 프랑스 천문학자 위르뱅장조제프 르베리에가 독자적으로 비슷한 계산 결과를 얻었다. 1846년 9월 23일 그는 자신의 예측을 당시 베를린 천문대의 부소장 요한 고트프리트 갈레에게 알렸다. 그날 밤 하늘을 탐색하던 갈레는 곧 해왕성으로 명명될 새로운 행성을 르베리에가 예측한 위치로부터 1도도 채 안 떨어진 거리에서 발견했다.

그런데 해왕성의 발견에도 태양계의 운행은 여전히 순조롭지 않았다. 비록 해왕성의 중력 덕분에 예전보다 좀 덜 하긴 했지만 천왕성이 여전히 말썽이었다. 한편, 해왕성의 궤도에도 뭔가 특이한 점이 있었다. 혹시 또 다른 행성이 발견을 기다리고 있는 게 아닐까?

P

젊은 시절, 화성에 너무 열중한 나머지 거의 망상 수준으로 화성에 푹 빠져 있던 퍼시벌 로웰은, 지적 문명이 화성에 존재하며 화성인

그림 2.1. 정장을 차려입은 퍼시벌 로웰의 1895년 사진. 애리조나 주에 있는 로웰 천문대의 설립자인 로웰은 명왕성의 발견으로 이어진 행성 X의 탐사를 선도했다.

ᄅ 역사 속의 명왕성

들이 극지방의 극관으로부터 각 도시로 물을 흘려보내기 위해 운하 망을 건설하고 있다고 주장했다. 심지어 화성에 물이 부족해서 화성 인들이 멸종 직전에 있다고까지 상상의 날개를 펼쳤는데, 이런 주장은 당시 화성인 침공에 대한 대중적 열광을 불러일으킨 소설,『우주 전쟁(War of the Worlds)』에 영감을 주기도 했다. 그러나 나중에 로웰은 태양계 끝자락에서 해왕성을 섭동한다고 추측되는 미지의 천체를 (수학 방정식에서 미지수를 지칭하는 X에서 유래한) 행성 X로 명명하고, 이 천체의 탐색에 남은 삶의 대부분을 바쳤다. 물론 이 논리에 따르면, 그 이전 에는 해왕성이 천왕성에 대한 행성 X로 간주되었을 것이다.

그러나 해왕성에 대한 섭동을 근거로 해서 행성 X의 위치를 예측하려던 노력은 모두 헛수고로 끝나 버렸다. 행성 X를 찾으려면 하늘의 더 넓은 영역을 탐사할 필요가 있었다.

하지만 행성을 찾으려면 셀 수 없이 많은 수백만 개의 점(별)들로 가득 찬 사진들 중에 어느 두 사진을 대조했을 때 어떤 한 점이 배경 별들에 대해 상대적으로 움직인 흔적이 있는지 일일이 확인해야 했다. 다행히 깜박임 비교기(blink comparator)라고 불리는 독창적인 기계적 광학 기기의 도입으로 작업이 훨씬 수월해졌다. 깜박임 비교기는 고정된 배경에 대해 일어나는 상대적인 어떤 변화나 움직임을 탐지할 수 있는 우리 눈의 놀라운 능력을 활용한다. 우선, 하늘의 동일한 영역을 서로 다른 시간에 촬영한 사진 두 장을 나란히 놓는다. 그다음에 두 사진을 반복해서 앞뒤로 빠르게 움직여 준다. 한 사진을

보다가 다른 사진을 볼 때 배경 별들에 대해 상대적으로 밝아지거나 어두워지거나 위치가 바뀌는 어느 작은 점이 존재하면 우리 눈은 그것을 즉각 알아챈다.

퍼시벌 로웰은 1916년에 사망했지만, 그 후에 로웰 천문대에서 일하게 된 클라이드 톰보가 극한 직업에 가까운 이 작업을 떠맡아서 1930년에 행성 X를 발견했다. 당시 젊은 청년이었던 톰보는 쌍둥이자리에서 여덟 번째로 밝은 델타별 주변 영역을 1월 23일과 29일에 촬영한 두 장의 사진 건판을 들여다보았다. 그리고 그는 우리 태양계에서 행성을 발견한 세 번째이자 마지막 사람이 되었다.

탐사 프로그램이 잘 설계되고 운영된다면, 무언가 하나를 발견했다고 해서 탐사를 종료하지 않는다. 끝까지 탐사하다 보면 또 다른 발견으로 이어질 수 있기 때문이다. 명왕성을 발견한 후에도 13년 동안 톰보는 (천구 전체의 입체각에 해당하는 4만 1253제곱도(12.57스테라디안(sr)) 중) 3만 제곱도(9.14스테라디안)가 넘는 면적의 하늘을 샅샅이 뒤졌지만, 명왕성에 필적하는, 혹은 그보다 밝은 천체는 발견되지 않았다. 그러나 시간 낭비는 아니었다. 이 탐사 덕분에 여섯 개의 성단과 수백 개의 소행성, 한 개의 혜성이 새로 발견되었고, 그의 탐사는 그 후 수십 년간 태양계 외곽 지역에 대한 가장 철저한 탐사라고 평가받았다.

그런데 새로 발견된 명왕성이 과연 모두의 예상대로 행성 X였을까? 처음에 명왕성은 지구 질량의 약 열여덟 배인 해왕성과 크기와 질량이 비슷할 것으로 추정되었다. 일반적인 예측대로 명왕성의

그림 2.2. 22세의 톰보가 손수 제작한 반사 망원경 옆에서 자랑스럽게 포즈를 취하고 있다. 그로부터 2년 후 그는 명왕성을 발견했다.

중력이 해왕성에 섭동을 일으키고 있다면 명왕성의 크기가 최소한 그 정도는 되어야 했다. 그러나 명왕성은 거리가 너무 멀다 보니 가장 강력한 망원경으로도 세부 특징이 전혀 분간되지 않은 채 그저 빛나는 점으로밖에 보이지 않았다. 명왕성의 크기는 일단 표면 반사율을 적당히 가정한 다음에 총 밝기에 근거해서 추측하는 수밖에 없었다.

명왕성의 크기를 좀 더 정확하게 측정할 수 있는, 아울러 그렇게 함으로써 질량도 좀 더 정확하게 추산할 수 있는 또 다른 독창적인 방법이 있기는 했다. 명왕성이 어느 배경 별 앞을 지나가면서 별빛을 잠시 가리는 순간에 맞추어 관측하고, 이로부터 명왕성의 거리와 궤도 운동 속도 그리고 별빛이 어두워져 있던 총 시간을 함께 고려하면 명왕성의 실제 크기를 상당히 정확하게 추정할 수 있다. 그런데 많은 별이 명왕성 근처를 지나갔지만 어느 경우에도 별빛이 어두워지는 현상이 전혀 관측되지 않자 천문학자들은 명왕성 크기의 예측치를 계속 감소시켜 나가야만 했다.

1978년 명왕성 가까이에서 카론(Charon)이라는 이름의 상대적으로 거대한 위성이 발견되면서 명왕성의 질량을 아주 정확하게 측정할 수 있게 되었다. 그 결과, 단순히 아이작 뉴턴의 중력 법칙을 적용했을 뿐인데, 해왕성에 맞먹는다고 추정되던 명왕성의 질량은 지구 질량의 1퍼센트 아래로 급격히 추락해 버렸다. 1980년 지구 과학 분야 소식지인 《EOS》에 실린 만평에서 라이스 대학교의 드레슬러 교수와 UCLA(캘리포니아 대학교 로스앤젤레스 캠퍼스)의 러셀 교수는 명왕

2 역사 속의 명왕성

성 질량의 예측치가 행성 X이던 시절부터 1970년대까지 어떻게 변화했는지를 그래프로 보여 주면서 이 추세대로 명왕성의 질량이 계속 줄어들다가는 1984년경에는 명왕성이 태양계에서 완전히 사라질 것이라고 예언했다.[3] (그림 2.3)

작아도 너무 작은 이런 질량으로는 명왕성은 절대로 천왕성과 해왕성의 궤도가 갖는 문제점을 해결해 줄 수 없었다. 행성 X는 아직도 태양계 저편 어딘가에 숨은 채 발견되지 않았음이 분명했다.

이러한 확신은 1993년 5월 캘리포니아 주 패서디나에 있는 제트 추진 연구소의 얼랜드 마일스 스탠디시 2세가 《천문학 저널 (*Astronomical Journal*)》에 「행성 X: 광학 관측에서 역학적 증거의 부재 (Planet X: No Dynamical Evidence in the Optical Observations)」라는 제목의 논문을 발표할 때까지 여전히 득세했다. 그는 보이저 탐사선의 근접 비행에서 얻은 목성, 토성, 천왕성, 해왕성의 질량에 대한 최신 추정치를 사용했다. 해왕성의 경우에는 이전 질량 값과의 차이가 거의 0.5퍼센트나 되었는데, 오늘날 기준에서 보면 상당히 큰 차이였다. 그는 보이저가 측정한 질량이 정확하다고 가정하고(현명한 판단!), 1895년과 1905년 사이에 미국 해군 천문대(USNO)에서 측정한 유일하게 미심쩍은 관측 데이터는 좀 에누리해서(또 하나의 현명한 판단!) 모든 궤도 요소들을 다시 계산했다. 그 결과는? 천왕성과 해왕성의 궤도에서 말썽을 부리던 부분들이 완전히 사라졌고 두 행성의 궤도를 기존의 태양계 중력 지도만으로도 완벽하게 설명할 수 있었다. 한마디로 행

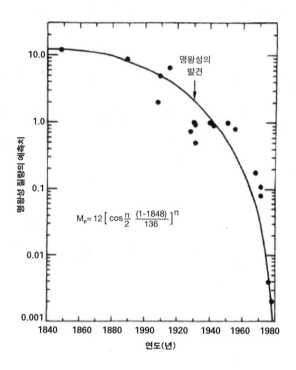

그림 2.3. 드레슬러와 러셀의 그래프(1980년). 이 그래프는 명왕성 질량에 대한 예측치가 행성 X 이던 시절부터 어떻게 변해 왔는지를 보여 준다. 명왕성의 질량 M_p에 대한 수학 방정식은 관측 데 이터에 가장 잘 맞는 값을 추산하는 공식인데, 이대로 질량 예측치의 변화가 계속된다면 1984년 경에 명왕성이 태양계에서 아예 사라지게 될지도 모른다는 암울한 예언을 던진다.

2 역사 속의 명왕성

성 X는 사망 선고를 받았다. 더불어 태양계의 중력 균형에 기여하는 주요 거대 천체(행성)의 목록이 드디어 완성되었다.

℘

어떤 천체가 행성인지 혹은 행성이어야 하는지에 대한 답은 아주 명백해 보인다. 만약 어떤 천체가 태양 주위를 돌지만 혜성은 아니라면, 그리고 위성처럼 또 다른 천체 주위를 돌지 않는다면 행성인 것이다. 허셜은 1781년에 천왕성을 발견했다. 그리고 베를린 천문대의 요한 갈레는 1846년에 해왕성을 발견했다. 그러나 1801년 1월 1일 이탈리아의 천문학자 주세페 피아치가 화성과 목성 사이에서 태양 주위를 은밀히 돌고 있는 세레스를 발견했다는 사실을 아는 사람은 많지 않다. 이로써 화성과 목성 사이의 과도하게 넓은 빈틈이 드디어 메워졌는데 말이다. 그러나 곧바로 세레스의 크기가 다른 행성들에 비해 지나치게 작다는 사실이 드러났다. 그리고 1802년 3월 28일 독일 천문학자 하인리히 빌헬름 마토이츠 올베르스가 세레스의 궤도 영역에서 행성 팔라스를 발견했다. 허셜은 자신의 강력한 망원경으로도 이 두 행성의 표면을 도무지 식별할 수 없었다. 세레스와 팔라스가 배경 별들에 대해서 상대적으로 움직인다는 것은 분명했지만 망원경으로 본 이 두 천체의 모습은 엄청나게 먼 거리에 있는 별의 모습과 전혀 구분되지 않았다. 1802년 의사이자 과학자인 친구 윌리엄

왓슨에게 보낸 편지에서 허셜은 명왕성의 분류와 관련한 현대적 논쟁을 연상시키는 어조로 다음과 같이 한탄한다.

최근 두 개의 천체가 새로 발견되었다는 소식은 자네도 이미 들었을 것이네. 그런데 이 천체들에 대해 설명하려고 보니, 이들을 행성으로 부른다는 것은 마치 면도날을 칼이라고 부르거나 정육용 칼을 손도끼라고 부르는 것보다 훨씬 더 언어적으로 부적절하다는 것을 느낀다네. 분명히 이들이 태양 주위를 돌기는 하지. 혜성도 마찬가지지만. 이들의 궤도가 타원이지만 일부 혜성의 궤도 역시 타원이기는 하지. 그런데 차이점이 있어. 혜성들은 크기가 극도로 작아서 어떤 기준으로도 도저히 행성들에 비할 바는 아니라는 거지. …… 현재 행성이나 혜성, 위성에게는 이미 이름이 있으니까 이 새로운 천체들을 부를 그럴듯한 다른 이름을 빨리 찾을 수 있게 제발 도와주게나.[4]

그다음 달에 왕립 학회에 제출된 연구 논문에서 허셜은 이 천체들의 이름 앞에 붙는 서술어로 "별과 유사한(star-like)"을 사용하자고 제안했는데, 이를 그리스어 aster로 표현하면 우리에게 좀 더 친숙한 'aster-oid', 즉 소행성이 된다.

지름이 970킬로미터인 세레스는 가장 작은 행성의 자리를 고수하고 있는 수성과 비교해도 왜소하다. 하지만 그 사실은 일단 제쳐놓기로 하자. 1807년까지 꼬마 행성 명단에는 팔라스, 주노(Juno), 베스타(Vesta) 세 개가 더 추가되었다. 1851년이 되자 총 열한 개가 명단에 추가되면서 태양계 행성의 수는 총 열여덟 개에 이르렀고 이 상황은 당시 교과서에 당연하게도 충실히 기록되어 있다. 무리로 발견된 새 행성들은 모두 왜소했고 세레스와 궤도, 크기, 위치에서 유사한 궤도를 따라 운동하고 있었다. 1853년에 이르자 천체의 새로운 분류 계급, 즉 소행성들이 존재한다는 사실이 더욱 분명해졌다. 이에 따라 이 천체들은 태양계에서 소행성대(asteroid belt)라는 이름이 붙은 띠 모양의 새로운 구획을 할당받았다. 사실상 하룻밤 사이에 행성의 개수는 수성, 금성, 지구, 화성, 목성, 토성, 천왕성의 일곱 개로 다시 줄어들었다. (그림 2.4)

세레스가 소행성 중에서 가장 먼저 발견된 이유는 소행성 집단에서 가장 크고 가장 밝았기 때문이다. 현재까지 발견된 수십만 개에 달하는 다른 모든 소행성들을 합친 질량보다 두 배나 큰 질량을 가진 세레스는 순식간에 가장 작은 행성에서 가장 큰 소행성으로 위상이 바뀌었다.

고대 그리스 시대로부터 니콜라스 코페르니쿠스의 1543년 역작 『천체의 운동에 관하여(De Revolutionibus)』가 발표되기까지 당시 인류가 알던 범위의 우주에서 행성의 집계 결과는 일곱이었다. 로마 신화와 북유럽 신화에 등장하는 신들의 이름과 더불어 한 주를 구성하는 일곱 요일의 이름은 이 천체들로부터 유래했다. 고대 그리스 인들은 하늘에 있는 모든 천체 중에서 오직 일곱 개만 배경 하늘에 대해 움

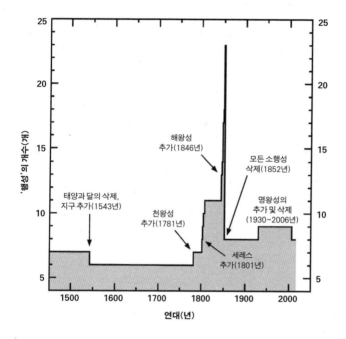

그림 2.4. 시간에 따른 행성 개수의 변화. 고대 그리스 시대로부터 1543년까지 행성의 개수는 일곱 개로 변동이 없었다. 코페르니쿠스의 태양 중심설이 정착하면서 그 수는 여섯 개로 줄어들었고, 한 무리의 소행성 발견과 함께 스물세 개까지 치솟았다가 소행성들이 별도의 무리로 분류되자 도로 여덟 개로 줄어들었다. 그 후 1930년 명왕성의 발견과 더불어 아홉 개로 다시 늘어났다가 2006년 8월 다시 여덟 개로 추락했다.

ㄹ 역사 속의 명왕성

직인다는 사실을 발견했다. 비록 천체의 운동 경로가 완전히 파악되지는 않았지만, 이 특별한 천체 집단을 '플라네테스(planêtes)'라고 불렀는데, '방랑자'라는 뜻이었다. 이 행성 목록, 즉 수성, 금성, 화성, 목성, 토성, 태양, 달은 명확하고 군더더기 없이 깔끔하고 품격 있어 보였다.

그러나 지구 중심 우주관은 코페르니쿠스가 태양을 중앙에 놓고 달은 지구 둘레를 돌게 하고 지구-달 계는 태양 주위를 돌게 하자 무너져 버렸다. 이로써 오늘날 우리가 당연시하는 '태양-계'가 탄생했다. 그렇다면 이 일곱 정예 그룹의 운명은 어떻게 되었을까? 달과 태양은 행성 지위를 박탈당한 반면에 지구는 태양을 공전하는 다른 천체들에 상응하는 지위를 얻어 행성 명단에 합류했다. 오로지 상식에 입각해 행성이란 단어를 재해석함으로써 행성의 수가 여섯 개로 줄어들었고 결의안이니 공식적으로 합의된 정의 따위는 필요치 않았다. 그 정도면 충분히 명확해 보였기 때문이다. 그런데 정말 충분했던 걸까?

3
과학에서의 명왕성

명왕성은 질량비로 따져서 약 70퍼센트의 암석과 30퍼센트의 얼음으로 이뤄져 있다. 하지만 암석이 얼음보다 밀도가 높으므로 암석층은 명왕성 부피의 45퍼센트만 차지한다. 부피를 중요시한다면 명왕성의 과반은 얼음으로 이뤄져 있다고 선언해도 무방하다. 이 특성은 태양계의 모든 다른 행성들과 전적으로 다른 명왕성만의 수많은 독특한 특성들 중 하나에 불과하다. 각 행성은 나름대로 모두 독특하지만 명왕성의 경우에는 독특한 항목의 목록이 다른 모든 행성들의 목록을 합친 것보다 더 길다.

명왕성은 태양계에서 두 번째로 작은 행성인 수성과 비교할 때, 수성 질량의 5퍼센트 이하에 불과한 질량을 가져 행성이라면 가장 질량이 작은 행성이다.

명왕성의 궤도는 원을 납작하게 눌렀을 때처럼 길쭉한 타원 형태여서 심지어는 가장 가까운 행성인 해왕성의 궤도와 교차하기까지 한다. (그림 3.1) 실제로 명왕성은 248년의 공전 주기에서 20년을 해왕성보다 태양에 더 가까운 거리에서 보낸다.

명왕성의 궤도에서 단순히 타원 형태만 문제인 것은 아니다. 태양계 평면에서 17도 이상 기울어져 있는데, 이는 두 번째로 많이 기울어진 수성보다 10도나 더 큰 값이다. (그림 3.2)

명왕성의 가장 큰 위성인 카론은 그리스 신화에서 아케론 강을 건너 망자의 영혼을 저승으로 데려가는 나룻배 사공의 이름에서 유래했는데, 애리조나 주 USNO 소속 플래그스태프 관측소의 1.5미터 카지 스트랜드(Kaj Strand) 망원경으로 촬영한 사진에서 처음 발견되었다. USNO의 제임스 크리스티가 선명하게 찍히지 않은 명왕성 사진에서 이상하게 한쪽으로 길게 튀어나온 듯한 미심쩍은 혹을 포착한 것이 1978년 6월이었다.[1] 리처드 빈젤(당시 텍사스 대학교 오스틴 캠퍼스의 대학원생이었다.)과 동료 학자들은 1985년 2월 카론이 명왕성 앞을 가리며 지나가면서 명왕성계의 총 밝기를 확연히 감소시켰을 때 카론의 존재를 확인할 수 있었다.[2] 지구에서 볼 때, 카론이 지구와 명왕성 사이를 곧바로 가로지르게 되는 궤도 위치에 명왕성이 마침 위치했던 것이다.

카론은 명왕성과 비교해서 상대적으로 매우 크기 때문에, 다른 말로 하면 명왕성이 카론에 비해 매우 작기 때문에 계의 궤도 중심이 명왕성 내부에 있지 않고 우주 공간에 존재한다. 즉 궤도 운동의 중

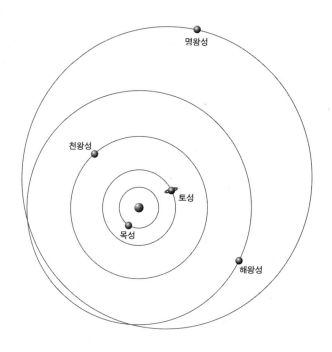

그림 3.1. '위'에서 내려다본 외행성들의 궤도. 명왕성은 궤도가 이심률이 큰 타원인 관계로 이웃 행성, 즉 해왕성의 궤도를 가로지르는 유일한 행성이 되었다.

ㅋ 과학에서의 명왕성

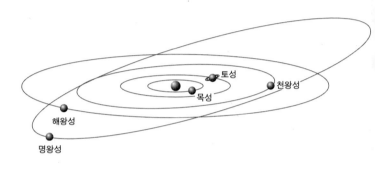

그림 3.2. 옆에서 바라본 외행성들의 궤도. 이런 관점에서 보면 명왕성의 궤도가 태양계 평면에서 크게 기울어져 있다는 사실이 명백하게 드러난다.

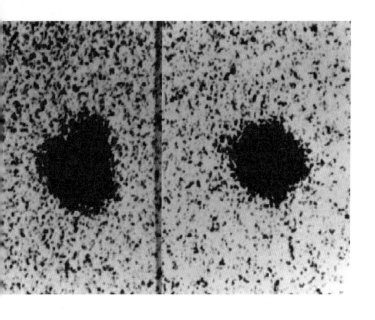

그림 3.3. 명왕성의 위성 카론이 처음 포착된 사진(원판 음화). 1978년 6월 USNO의 천문학자 크리스티는 왼쪽 사진에 흐릿하게 찍힌 명왕성의 모양이 뭔가 다르다는 것을 발견했다. 그보다 앞서 촬영한 오른쪽 사진에서는 그런 변형이 보이지 않는다는 사실로부터 명왕성 주변에 차후 위성으로 판명된 동반 천체의 존재가 암시되었다.

3 과학에서의 명왕성

그림 3.4. 명왕성의 위성 카론의 발견자인 크리스티(왼쪽)가 1978년 동료인 로버트 서턴 해링턴과 함께 당시에는 분명 최첨단이었을 컴퓨터 앞에서 찍은 사진. 해링턴은 1980년대에 일어날 것으로 예측되는 명왕성과 카론 간의 일련의 식(蝕, eclipse) 현상과 관련한 계산을 수행했다.

심이 모행성 내부에 있는 태양계의 모든 다른 행성의 위성들과는 달리 명왕성-카론 계는 명왕성 밖에 있는 우주 공간의 점을 중심으로 돌고 있다. 빈젤의 관측으로부터 명왕성 주위를 도는 카론의 공전 주기를 정밀하게 추산할 수 있었는데, 명왕성의 자전 주기와 정확히 일치했다.

이처럼 명왕성과 카론은 흔치 않은 이중 조석 제동(double tidal lock) 관계에 있기 때문에 서로에게 항상 같은 면만 보여 준다. 조석 제동 자체는 꽤 흔한 현상이다. 목성과 토성은 가장 가까이 있는 위성을 각각 조석 제동시켰다. 그리고 지구도 달을 조석 제동시켰기 때문에 지구의 입장에서 말 그대로 달에 '전면(near side)'과 '후면(far side)'이 생기게 되었다. 달도 지구를 조석 제동해 보려고 애쓰다 보니 지구의 하루(자전 주기)가 달의 한 달(공전 주기)과 같아질 때까지 지구의 하루가 점점 더 길어지고 있다. 하지만 달의 뒷심이 달리다 보니 태양이 일생을 마치기 전까지 성공하기는 어려워 보인다. 결국 태양계 내 행성-위성 계에서 명왕성과 카론만이 유일하게 상호 조석 제동이 일어난 경우가 되었다.

명왕성의 궤도가 해왕성의 궤도를 가로지르기는 하지만 해왕성이 궤도 공명(orbital resonance)이라는 또 다른 제동 장치로 명왕성을 통제하기 때문에 두 행성은 결코 충돌하지 않는다. 해왕성이 태양 주위를 세 번 공전하는 동안 명왕성은 정확히 두 번 공전하는 3 대 2 공명 관계로 인해 이 두 행성은 영원히 서로에게 묶인 신세가 되었다.

태양계에서 다른 어느 두 행성도 이런 관계에 있지 않다.

또한 명왕성은 자신의 궤도 영역을 수많은 다른 소형 얼음 천체들과 공유하는 유별난 행태를 보인다. 태양계 형성기의 잔재들인 이 덩어리들 중에서 명왕성과 충돌할 가능성이 있는 것들만 모두 합쳐도 명왕성의 질량에 필적할 정도다. 반면에 다른 모든 행성들은 주변 영역을 말끔히 청소했다. 물론, 지구뿐만 아니라 다른 행성들 역시 떠돌이 혜성이나 소행성에게 종종 얻어맞기는 하지만 이런 충돌체의 질량을 모두 합해도 행성 자체의 질량에는 비할 바가 못 된다.[3] 이 상황을 풍자할 기회를 놓치고 싶지 않았던 이탈리아의 천문학자이자 소행성 사냥꾼인 빈센조 자팔라는 온갖 잡동사니에 파묻혀 있는 명왕성을 다른 행성들이 못마땅하게 쳐다보는 만화로 이런 상황을 익살스럽게 표현했다. (그림 3.5)

아뿔싸. 명왕성과 카론은 나머지 다른 행성들과 중요한 물리적 특성 한 가지를 공유한다. 둘 다 모양이 둥글다. 수정 결정이나 부서진 암석을 제외하고 자연에는 각지거나 모난 물체가 별로 없다. 둥근 물체는 비누 거품에서 관측 가능한 전 우주에 이르기까지 그 목록이 무궁무진하다. 구의 형태는 대개 몇 가지 단순한 물리 법칙이 통합적으로 작용한 산물이다. 대학 1학년 수준의 수학으로도 부피가 일정할 때 그 부피를 감싸는 표면적이 가장 작은 도형으로 구가 유일하다는 사실을 쉽게 증명할 수 있다. 만약 배송 상자나 슈퍼마켓의 식품 포장 용기의 모양이 모두 둥글다면 매년 수십억 달러의 포장 비용이

그림 3.5. 이탈리아의 천문학자이자 소행성 사냥꾼인 자팔라의 만화. 부스러기로 가득 찬 명왕성의 궤도를 풍자하고 있다. "명왕성은 자신의 궤도 주변을 치운 적이 전혀 없다니까." "요 더러운 꼬맹이!"

3 과학에서의 명왕성

절약될 것이다. 예를 들어, 큰 상자 분량의 치리오스(Cheerios, 둥근 고리 형태의 시리얼. ─옮긴이)도 반지름 10센티미터의 구형 용기에 충분히 다 넣을 수 있다. 그런데 막상 현실적 문제점들이 있다. 구는 여러 개를 같이 꾸리거나 겹쳐 쌓기가 어렵다. 선반에서 굴러떨어지기라도 하면 그 뒤를 쫓아가야 한다. 한 무더기의 사과나 오렌지를 상상해 보면 이해가 될 것이다.

우주 공간의 천체들은 특정한 크기 이상으로 커지면 에너지와 중력의 합작으로 둥근 모양이 된다. 중력은 높은 곳의 물질을 끌어내려 낮은 곳을 채움으로써 모든 방향에서 물질을 응집시킨다. 그러나 중력이 항상 이기지는 못한다. 고체에서 화학적 결합력은 매우 강하다. 티베트의 히말라야 산맥은 지구 중력에 저항해 계속 높아지고 있다. 그러나 이런 산맥의 웅대함에 감탄하기 전에 해저의 가장 깊은 해구에서 가장 높은 산 정상까지의 높이 차이가 20킬로미터 정도인 반면에 지구의 지름은 거의 1만 2800킬로미터에 달한다는 사실에 주목해야 한다. 지구 표면에서 꿈지럭거리는 조그만 인간들의 상상과는 사뭇 다르게 천체로서의 지구는 놀라울 정도로 반드럽다. 만약 거인의 손가락으로 지구 표면(대양과 기타 모든 지형)을 문질러 본다면 마치 당구공처럼 매끄럽게 느껴질 것이다. 산맥을 표시하기 위해 표면을 돋운 비싼 지구본들은 현실을 지나치게 과장하고 있다.

만약 어느 고체 물체의 표면 중력이 강하지 않다면 암석 내의 화학적 결합력이 자체 무게로 인한 중력에 쉽게 맞설 수 있다. 이런 상황이라면 물체는 거의 어떤 형태든지 될 수 있다. 둥글지 않은 천체 중에 화성의 위성으로 고구마처럼 생긴 포보스와 데이모스가 유명하다. 둘 중에서 큰 쪽인 포보스조차 길이가 21킬로미터에 불과하다 보니 지구에서 몸무게 68킬로그램인 사람이 포보스에서는 110그램밖에 나가지 않는다. 소행성이나 혜성은 가장 큰 종류 외에는 모두 너무 작아서 자체 중력으로는 구의 형태를 갖출 수 없다. 그러다 보니 자연히 이 집단들이 암석과 얼음이 뒤섞인 울퉁불퉁한 덩어리들이라는 전통적 시각이 자리 잡을 수밖에 없었다.

명왕성이 다른 여덟 행성과 여러모로 대등하다면 모양도 당연히 둥글 것으로 예상되었으므로 파이오니어(Pioneer) 10호와 11호에 실려 태양계 밖을 여행한 금도금 명판에도 아홉 개 행성으로 이뤄진 태양계 약도가 그려졌다. 1970년대 초, 명왕성의 태양계 내 지위에 대해 별다른 이견이 없던 시절에 NASA가 발사한 파이오니어는 태양계 탈출 속도에 도달한 최초의 우주선이었다. 즉 영원히 되돌아올 수 없는 여정이었다. 따라서 명판에 그려진 지도(그림 3.6)에는 외계 행성계의 호기심 많은 외계인들에게 우리 태양계의 기본 구조와 더불어 태양의 세 번째 행성인 지구에서 탐사선을 보냈다는 사실을 명시하기 위해 지구로부터 시작되는 항로를 곁들였다. 그러나 목성과 토성의 크기가 지도에 그려진 대로라면 명왕성은 그저 점으로만 표시되었어야 한다. 더구나 명왕성보다 더 큰 일곱 개 위성들이 포함되어 있지 않다. 그리고 토성의 고리는 명확히 표시된 반면에 나머지 거대

3 과학에서의 명왕성

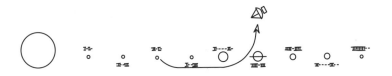

그림 3.6. 외계인을 혼란에 빠뜨릴 태양계 약도. 1970년대 초에 발사된 파이오니어 10호와 11호 우주 탐사선은 궁극적으로 태양 중력의 속박에서 벗어나게 된다. 따라서 각 우주선에 우리 태양계 지도가 새겨진 명판을 실어서 혹시 만나게 될 외계인에게 우리 태양계의 기본 구조와 더불어 세 번째 행성에서 탐사선이 보내졌다는 사실을 알리고자 했다. 그러나 지도에 그려진 목성과 토성의 크기를 기준으로 한다면 명왕성은 작은 원이 아니라 그저 점으로나 표시되었어야 한다. 더구나 이 지도에는 명왕성보다 더 큰 일곱 개의 위성들은 포함되지 않은 데다가, 토성뿐만 아니라 네 개의 기체 행성(목성, 토성, 천왕성, 해왕성) 모두에 고리가 그려져 있어야 하는데 누락되었다. 만약 외계인이 이 지도를 보고 우리를 찾으려 한다면 실제 태양계와 너무 달라서 그냥 지나칠 수도 있다.

기체 행성(목성, 천왕성, 해왕성)의 고리들은 누락되었다. 따라서 우주 탐사에 나선 외계인이 이 약도를 본다면 헷갈려서 우리 태양계를 알아보지 못하고 그냥 지나칠 가능성이 높다.

또한 호기심 많은 외계인이라면 명색이 행성인 명왕성에서는 몸무게가 겨우 4.5킬로그램밖에 나가지 않는 반면에 목성의 가장 큰 (약도에 표시조차 되지 않은) 네 개 위성에서는 몸무게가 9킬로그램 넘게 나간다는 사실에 놀랄 것이다. 그러나 앞에서 열거한 위성들도 모두 자체 중력이 충분히 크다 보니 감자나 고구마처럼 생기지 않고 모양이 둥글다. 명왕성과 카론은 바로 이 특별한 둥근 천체 그룹에 속해 있지만, 이 그룹의 회원 규모가 엄청나서 거의 모든 위성들과 모든 행성들, 그리고 모든 별들이 이 그룹에 속해 있다.

P

태양에서의 평균 거리가 태양과 지구 사이 거리의 40배나 되는 명왕성은 태양으로부터 아주 멀리 떨어져 있다. 평균 최고 온도가 섭씨 −220도에 불과한 명왕성은 너무나 춥다. 지름이 샌프란시스코에서 토피카(Topeka, 캔자스 주의 주도)까지의 거리보다 작은 (그리고 위성인 카론이 명왕성의 절반 크기나 되는) 명왕성은 왜소하기 짝이 없다. 더구나 탐사선이 아직까지 한 번도 방문한 적이 없다 보니, 명왕성은 태양계에서 가장 알려진 게 적은 천체들 중 하나다. 그러나 이런 상황도 조만

3 과학에서의 명왕성

간 바뀔 전망이다. 10년간 미국 의회에서 우여곡절을 겪은 끝에 뉴 호라이즌스(New Horizons) 탐사선이 명왕성 근접 비행 임무를 위해 달려가는 중이기 때문이다. (그림 3.7과 그림 3.8)

지금까지 우주로 발사된 물체 중에서 가장 빠른 속도를 자랑하는 뉴 호라이즌스 탐사선은 강력한 아틀라스 V 로켓에 실려 2006년 1월 19일 플로리다 주 케이프 캐너버럴 기지를 떠났다. 2단과 3단 로켓이 점화되면서 충분한 속도를 얻은 후에, 크기가 피아노만 한 0.5톤 무게의 이 우주선은 9시간 만에(아폴로 우주인들은 3.5일이 걸렸지만) 달 궤도를 통과했고 고작 1년이 좀 지나서 중력 조력(gravity assist)을 받기 위해 목성에 도착했다. 목성의 중력 조력을 받은 후에는 시속 8만 5000킬로미터, 거의 초속 24킬로미터의 어마어마한 속도로 비행하게 될 것이다. (뉴 호라이즌스 탐사선은 이 책이 출판된 후인 2015년에 명왕성에 도달했다. ─ 옮긴이)

연구 책임자들은 명왕성과 관련된 근본 의문에 답하기 위해 일곱 종의 과학 실험 장비들로 뉴 호라이즌스 탐사선을 채웠다. 의문의 예를 들자면 다음과 같다. 명왕성의 대기는 어떤 성분으로 이뤄져 있으며 어떻게 작용하는가? 명왕성의 표면은 어떤 모습일까? 대규모 지질학적 구조들이 존재할까? 태양에서 방출된 입자들(태양풍)은 명왕성 대기와 어떻게 상호 작용할까? 지구와 명왕성 사이의 우주 공간에는 먼지 티끌이 얼마나 있을까?

고맙게도 사우스웨스트 연구소(Southwest Research Institute, SwRI)의

그림 3.7. 마스크를 쓴 매사추세츠 공과 대학(MIT)의 행성 과학자 빈젤이 등 뒤로 보이는 뉴 호라이즌스 탐사선을 가리키며 엄지를 치켜들고 있다. 우주선은 발사 준비를 위해 존스 홉킨스 대학교의 응용 물리학 연구소의 청정실에 놓여 있다. 마스크를 벗은 빈젤의 모습은 그림 3.10에서 볼 수 있다.

ㅋ 과학에서의 명왕성

그림 3.8. 뉴 호라이즌스 임무의 휘장. 이 탐사 임무는 사우스웨스트 연구소, NASA, 존스 홉킨스 대학교 응용 물리학 연구소(JHU/APL)의 공동 사업이다. 휘장이 구각형임에 주목하라. 숫자 9는 행성 탐사 홍보 자료에 자주 등장한다. 우연의 일치일까? 아니면, 대중의 마음을 좌지우지하고 싶은 잠재 의식의 발로일까?

그림 3.9. 뉴 호라이즌스 명왕성 탐사 임무의 연구 책임자인 앨런 스턴(왼쪽)이 필자와 나란히 포즈를 취했다. 천체 물리학자로서 폼나게 보이려고 둘 다 안간힘을 쓰고 있다. 사진은 2006년 1월 명왕성 탐사를 위해 뉴 호라이즌스 탐사선이 발사되기 직전 케네디 우주 센터에서 촬영되었다.

3 과학에서의 명왕성

그림 3.10. 명왕성의 위성 카론의 발견자 크리스티(왼쪽)와 카론의 명왕성 전면 통과를 최초로 관측함으로써 명왕성-카론 계에 대한 중요한 결론을 도출해 낸 빈첼이 함께 서 있다.

명왕성 전문가이자 이 임무의 연구 책임자이며 평생에 걸친 명왕성 마니아인 앨런 스턴(그림 3.9)이 나를 발사 행사에 초대해 주었다. 명왕성의 행성 지위와 관련해 곡절이 많았던 그간의 내 이력을 고려할 때, 앨런으로서는 큰 아량을 베푼 셈이었다. 나로서도 영광이었기 때문에 기꺼이 초대에 응했다. 또한 발사 당일 케네디 우주 센터에는 명왕성의 위성 카론의 발견자들인 제임스 크리스티와 리처드 빈젤 그리고 '과학꾼' 빌 나이(『과학꾼 빌 나이(Bill Nye the Science Guy)』는 1990년대에 미국 공영 방송 PBS에서 방영된 과학 프로그램으로 빌 나이는 이 프로그램의 진행자였다. ─ 옮긴이)도 참석했다. (그림 3.10과 그림 3.11) 빌이 코넬 대학교에 재학할 당시 칼 세이건이 그 대학의 교수로 있었다. 빌은 일상 과학의 해설자로 주로 알려져 있지만, 학창 시절에 들은 칼 세이건의 강의가 그에게 태양계와 우주에 대한 변함없는 열정을 심어 주었다고 한다.

뉴 호라이즌스 임무에 대해 공식적으로 천명된 목표 중 하나는 '태양계 탐사의 완결'이었다. 사실 이런 문구가 썩 마음에 들지는 않는다. 미래에 있을 탐사에 전혀 도움이 안 되게 마침표를 찍는 느낌을 주기 때문이다. 차라리 내가 공식 석상에서 늘 단언하듯이 "전에 가 본 적이 없는 미지의 태양계 영역에 대한 탐사가 이제 막 시작되었다."라고 하는 편이 좀 더 긍정적이지 않을까?

3 과학에서의 명왕성

그림 3.11. 마치 과학을 위한 아카데미 시상식이라도 되는 것처럼 많은 유명 인사들이 2006년 1월 명왕성으로 향하는 뉴 호라이즌스의 발사를 위해 한데 모였다. 미국 내에서 손꼽히는 교육자 중 한 사람인 '과학꾼' 빌 나이(왼쪽)가 필자와 포즈를 취했다. 빌 나이는 그의 상징이다시피 한 나비 넥타이 없이 이 사진을 찍었다. 흔치 않은 일이다. 그리고 필자가 매고 있는 지나치게 현란한 넥타이에서 여덟 개의 행성을 확인할 수 있다. 명왕성은 매듭 속에 숨겨져 있다.

그림 3.12. 네 명의 관계자가 뉴 호라이즌스 탐사선을 명왕성 및 그 너머 우주로 실어 보낼 아틀라스 V 로켓을 올려다보고 있다. 상단의 불룩한 원뿔 안에 탐사선이 들어 있다. 그 아래 원기둥 몸통이나 옆에 부착된 흰색 보조 로켓(부스터)들은 모두 로켓 연료로 채워져 있다. 뉴 호라이즌스는 2006년 1월 19일 성공적으로 발사되었다. 최대 속력이 대략 시속 5만 6000킬로미터(초속 16킬로미터)였는데, 목적지 불문 지금까지 발사된 로켓 중에서 가장 빠른 속력을 자랑한다.

3 과학에서의 명왕성

한편, 우리 은하뿐만 아니라 머나먼 은하들을 가로질러 퍼져 있는 섬세한 기체 구름들의 상세한 고해상도 영상으로 유명한 허블 우주 망원경이 명왕성 주변을 탐색하게 되었다. 덕분에 핼 위버와 (그림 3.9에 등장한) 스턴이 이끄는 명왕성 동반 천체 탐색 팀이 2005년 6월 명왕성 주변 궤도에서 두 개의 위성을 추가로 발견할 수 있었다. (그림 3.13) 그로부터 1년 후 IAU는 공식적으로 위성들의 이름을 닉스(Nix, 또는 명왕성 II. 둘 중에서 안쪽에 있는 위성)와 히드라(Hydra, 또는 명왕성 III. 바깥쪽에 있는 위성)로 발표했다.[4]

이 이름들을 짓기까지 엄청나게 머리를 굴려야 했다. 새 위성 이름들의 첫 글자 N과 H는 명왕성 탐사를 기리고자 뉴 호라이즌스 탐사선 이름의 첫 글자들과 각각 일치시켰다. 이는 명왕성의 영문 이름인 플루토의 첫 두 글자, P와 L이 퍼시벌 로웰의 이름 첫 글자들과 우연히 일치함으로써 그에게 경의를 표할 수 있었던 상황을 연상시킨다. 그리스 신화에 나오는 괴물 히드라에 아홉 개의 머리가 달려 있다는 사실은 명왕성이 76년 동안 아홉 번째 행성으로서 누린 지위를 인정한다는 의미가 포함되어 있다. 또 한편으로는 히드라의 첫 글자 H는 두 위성의 발견에 공헌한 허블 우주 망원경을 기념하는 의미도 담겨 있다. 닉스(Nyx)는 그리스 신화에서 어둠과 밤의 여신이다. 우연찮게도 닉스는 명왕성의 위성인 카론의 어머니이기도 하므로, 이제

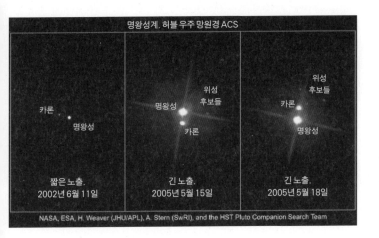

명왕성계. 허블 우주 망원경 ACS

카론
명왕성
짧은 노출.
2002년 6월 11일

위성
후보들
명왕성
카론
긴 노출.
2005년 5월 15일

위성
후보들
카론
명왕성
긴 노출.
2005년 5월 18일

NASA, ESA, H. Weaver (JHU/APL), A. Stern (SwRI), and the HST Pluto Companion Search Team

그림 3.13. 허블 우주 망원경을 사용해 장시간 노출로 촬영한 오른쪽 두 사진에 추가로 발견된 명왕성의 위성 두 개가 보인다. 여기 사진에는 '위성 후보들'이라고 표시되어 있지만 나중에 공식적으로 닉스와 히드라로 명명된 이 두 위성이 명왕성 주위를 공전한다는 사실이 밝혀지면서 이제 전세계 명왕성 마니아들은 모행성 외에 카론을 포함한 세 개의 위성들로 구성된 '명왕성계'라는 명칭을 사용할 수 있게 되었다. 세계적으로 손꼽히는 명왕성 연구자 중의 한 명인 스턴(그림 3.9)과 위버가 명왕성 동반 천체 탐색 팀을 이끌고 이 위성들을 발견했다. (ACS는 탐사용 최상급 카메라를 뜻하는 Advanced Camera for Surveys의 약자다. ― 옮긴이)

3 과학에서의 명왕성

'명왕성계'라고 불러도 손색없는 이 천체들이 행복한 가족을 이루어 우주의 심연에서 영원히 함께 궤도를 돌게 된 것이다.

4
명왕성의 몰락

앞에서 언급했듯이, 명왕성의 질량 추정치는 명왕성이 발견된 순간부터 계속 내리막길을 걷고 있었다.

1970년대만 해도 천문학 교과서들은 대부분 '태양계'에 대한 설명으로 책을 시작했는데, 태양에서의 거리에 따른 순서로 행성별로 특징을 설명하고 맨 마지막에 명왕성으로 끝을 맺곤 했다. 이러한 접근법은 태양에서부터 순서대로 아홉 개 행성을 나열하는 것이 근본적 의미가 있을 뿐만 아니라 과학적으로도 중요하며 이에 따라 학생들이 행성 이름을 순서대로 외우는 것이 교육적으로 가치 있다는 믿음을 전제로 한다. 그러나 1980년대에 이르러 혜성, 소행성, 위성들이 점점 더 많이 발견되고 그들의 세부 특성에 대해 더 많이 알게 되면서 행성들은 단지 태양계의 한 일부에 불과하다는 사실이 점점 더 명백해졌다. 이 같은 인식의 전환에는 1977년 태양계 외곽을 탐사하기 위해 발사된 보이저 1호와 2호가 결정적인 역할을 했다. 두 대의 보이저 우주선이 1979년 각각 목성에 도달하고 이후 10년에 걸쳐 나머지 외행성들을 방문하면서 우리에게 선사한 깜짝 선물 중 하나는 외행성의 위성들이 행성들만큼이나, 어쩌면 그 이상으로 흥미진진하다는 사실이었다. 보이저 시대에 들어와서야 행성 외의 다른 태양계 천체들도 비로소 제대로 된 대접을 받기 시작한 것이다.

이와 함께 교과서들도 과학적 연관성을 기준으로 태양계를 재편성하기 시작했다. 명왕성, 혜성, 소행성 그리고 외행성의 다양한 위성들과 같은 작은 천체들은 제목에 "잔재", "침투 물체", "표류 물체"와 같은 단어가 포함된 장에 실리게 되었다. 이런 분류 내지 재분류는 1970년대 말 시작되어 1980년대까지 지속되었다. 일선 학교에서도 점차 명왕성이나 관련 특성에 대해 태양계의 다른 행성들과 구분해서 가르치기 시작했다.

그러나 1978년 명왕성의 위성 카론이 발견되자 그동안 수세에 몰려 있던 명왕성 마니아들은 이를 명왕성을 혜성이나 소행성과 확실하게 구분시켜 줄 기회로 여겼다. 만약 행성만이 위성을 보유한다고 치면 그 희망은 가망 없는 게 아닐 터였다. 물론 수성과 금성은 위성이 없지만 그렇다고 행성이 아닌 건 아니었다. 따라서 위성의 보유가 행성 자격의 필요 조건이 아닌 건 분명했지만, 만약 어떤 천체가 위성을 보유한다면 당연히 행성이라고 해야 하지 않을까? 우주에 대한 두 권의 책에서 나 역시 내 필명인 "멀린(Merlin)"의 이름으로 이러한 구분을 인정했다.

멀린에게,

명왕성은 행성, 소행성, 혜성 중에서 어디에 속하는 건가요? 만약 명왕성이 소행성으로 강등되어야 한다면 그 판정을 어떻게 내릴 수 있는지요?

사우스 캐롤라이나 주 쇼 공군 기지에서

로이 크라우스

답:

최근 몇 년간 명왕성을 '왜소 천체'로 강등시켜야 한다는 의견이 많다는 사실을 멀린도 잘 알고 있습니다.

그러나 명왕성은 가장 큰 소행성인 세레스보다 두 배나 클 뿐만 아니라 가장 큰 혜성보다 50배나 더 큽니다. 더구나 자체적으로 위성을 보유하고 있다는 점까지 감안하면 명왕성은 '행성'으로서의 자격이 충분하며 그에 합당한 대우를 받아야 한다고 멀린은 단언합니다.[1]

다급해진 명왕성 마니아들은 명왕성의 행성 자격에 대한 직접 증거로서 위성의 존재에 매달렸다. 그러나 이런 기준은 당장의 궁여지책은 될지언정 언젠가 소행성 주위에서도 위성이 발견될지 모르는 위험 부담을 안고 있었다. 실제로 그런 일이 일어난다면 어떻게 할 작정인가? 그런 진퇴양난의 상황은 과학적 진실에 대해 좀 더 깊

4 명왕성의 몰락

은 성찰을 하게 만든다. 즉 어떤 것을 믿는 이유가 임시방편적이면 그 믿음의 근거가 된 논리가 무너지는 상황에 조만간 맞닥뜨리게 되는 법이다.

아니나 다를까, 1994년 2월 17일 갈릴레오 탐사선이 토성으로 가는 도중에 때맞춰 소행성 아이다(Ida)를 촬영했다. 사진을 검토하던 탐사팀 연구원 앤 하치는 아이다 주변을 도는 크기 1.4킬로미터의 작은 위성을 발견했고 이 위성에게는 나중에 댁틸(Dactyl)이라는 이름이 주어졌다. 길쭉한 감자처럼 생긴 아이다는 길이가 48킬로미터, 폭이 약 19킬로미터에 불과해서, 의심의 여지 없이 소행성이었다. (그림 4.1) 댁틸이 발견된 이후로 더 많은 소행성을 면밀하게 관측해 보니 위성들이 상당히 흔했다. 더구나 일부 소행성들은 단단한 고체가 아닐 가능성도 대두되었다. 많은 소행성이 실상은 얼기설기 뭉친 암석 덩어리일 뿐만 아니라 그중 일부는 댁틸과 크기가 비슷했다. 이렇게 되면 위성의 개념 자체가 흔들리게 된다.

ㄹ

세상에는 두 부류의 과학자들이 있다. 한 부류의 과학자들은 일단 비슷한 대상끼리 모아 놓은 다음에 서로 얼마나 다른지를 연구하는 반면, 또 다른 부류의 과학자들은 차이점을 먼저 파악한 다음에 결국 서로 얼마나 비슷한지를 연구한다. 자연에 대한 심층적 이해를 얻기

그림 4.1. 갈릴레오 탐사선이 1993년 가장 가까이 접근하기 14분 전에 촬영한 아이다의 사진. 오른쪽으로 약간 떨어져서 아이다의 작은 위성 댁틸이 보인다. 길이가 48킬로미터에 불과하고 울퉁불퉁한 감자처럼 생긴 아이다는 분명 소행성이지만 위성을 갖는다. 이는 명왕성의 위성 카론이 1978년에 발견되고 나서 명왕성 마니아들이 행성 지위 판정과 관련해서 내세운 위성 기준을 무력화시킨다.

4 명왕성의 몰락

위해서는 두 진영 간에 지속적이면서 상호 소통이 가능한 긴장이 존재할 필요가 있다. 1980년대 들어 여론의 방향이 바뀌고 있었지만 공식적으로 명왕성은 여전히 행성이었다. 그러나 무대 뒤에서는 행성 지질학자들이 명왕성이 혜성이나 소행성과 여러 측면에서 유사하다는 사실을 인정하고 있었다.

교육 현장에서 진행되던 태양계에 대한 새로운 접근 방식이 단지 명왕성에만 해당되는 것은 아니었다. 나머지 행성들 역시 서로 일맥상통하는 특성들에 따라 재분류되었다. 수성, 금성, 지구, 화성은 모두 크기가 작고 암석으로 이뤄져 밀도가 높으므로 지구형 행성으로 분류되었다. 반면에, 목성, 토성, 천왕성, 해왕성은 모두 거대하고 고리를 두르고 있고 기체로 이뤄져 밀도가 낮으며 빠르게 자전하므로 목성형 행성으로 분류되었다. 다른 한편으로는 천문학 개론 교과서들이 태초의 우주 대폭발(Big Bang), 은하의 생성, 은하 간 충돌, 블랙홀, 별의 탄생과 죽음, 외계 생명체 탐사와 같은 주제들로 채워지기 시작했다.

천체 물리학계, 특히 행성 과학자들은 태양계 구성원들에 대해 단순히 전혀 다른 각도에서 바라보았을 뿐이다. 물론 토성은 여전히 목성과 많이 다르고 지구는 금성과 아주 다르다. 그러나 지구나 금성이 목성이나 토성과 갖는 공통점을 비교해 보았을 때, 지구와 금성은 서로 훨씬 많은 공통점을 갖고 있다. 그리고 목성이나 토성이 지구형 행성들이나 혹은 명왕성과 갖는 공통점을 비교해 보면, 목성과 토성은 서로 훨씬 더 많은 공통점을 갖는다. 다른 행성들 사이에서 유달리 튀는 명왕성의 특성들(크기, 궤도, 구성 물질)을 감안해서 별도의 부류로 인정해 줘야 할까? 절대로 아니다. 분류 체계에서는 비슷한 물체가 최소 두 개는 있어야 독립적인 무리를 형성할 수 있다. 그때까지는 이 천덕꾸러기를 그냥 내버려 둘 수밖에 없었다.

그렇다. 명왕성은 그 어디에도 소속되지 못했다. 그러나 머지않아 이 상황도 변하게 된다.

1992년 하와이 대학교의 천체 물리학자 데이비드 주잇과 그의 대학원생 제인 루가 마우나케아 산에 있는 하와이 대학교의 2.2미터 광학 망원경을 사용해서 해왕성 너머 훨씬 바깥에서 태양을 중심으로 돌고 있는 얼음 천체 하나를 발견했다. 1992 QB1이라는 마치 암호 같은 이름이 붙은 이 천체가 발견된 영역은 그보다 40년 전에 시카고 대학교의 행성 천문학자 제라드 카이퍼가 그런 천체들이 있을 것으로 예상했던 바로 그 영역이었다.[2]

태양계 천체를 관측할 때 직면하는 가장 큰 문제점 중 하나는 그들이 자체적으로 빛을 내지 못한다는 것이다. 태양계 끝자락에 있는 천체들은 너무 멀리 있다 보니 천체에 도달하는 태양빛이 미약한 데다가, 그 빛이 다시 천체 표면에서 반사되어 태양계 안쪽으로 머나먼 길을 되돌아와서 지구상 망원경에 도달해야 한다. 따라서 천체 표면이 반사를 잘한다면 훨씬 도움이 된다. 극도로 차가운 우주 심연에서는 깨끗한 얼음이 그런 조건을 만족시킬 수 있다. 하지만 1992 QB1

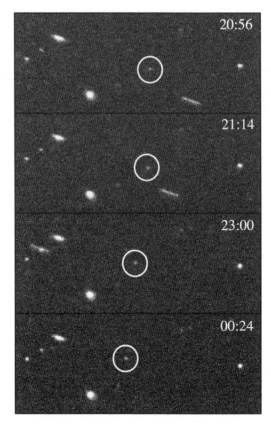

그림 4.2. 1930년의 명왕성 발견 이래로 태양계 외곽에서 처음으로 발견된 한 얼음 천체의 1992년 발견 당시 사진. 하와이 대학교의 천체 물리학자 주잇과 그의 대학원생 루가 마우나케아 산의 2.2미터 망원경을 사용해 촬영한 이 천체에는 임시로 1992 QB1라는 호칭이 주어졌고 흰 원으로 둘러쳐서 표시했다. 1992 QB1은 태양계의 신진 영역인 카이퍼대에서 앞으로 더 많이 발견될 동종 천체들 중에서 첫 스타트를 끊은 셈이다.

이 무엇으로 이뤄져 있는지 아무도 확실히 알지 못했다. 단지 해왕성 너머에서 태양을 중심으로 돌고 있으며 크기가 아마도 명왕성의 5분의 1 정도로 작으리라고 추측할 뿐이었다. 따라서 1992 QB1이 명왕성의 골목 대장 지위를 위협할 정도는 아니었지만 의구심을 불러일으키기에는 충분했다.

주잇과 루가 열심히 찾아보자 더 많은 천체가 발견되었다. 줄지어 발견된 천체들 모두 명왕성처럼 태양계 평면에서 약간 기울어진 궤도를 갖고 있었고, 그중 일부는 궤도가 아주 길쭉한 타원형이다 보니 명왕성처럼 해왕성의 궤도를 가로지르기도 했다. 이제 날이 갈수록 개수가 증가하고 있는 이 무리는 화성과 목성 사이에 띠를 이루고 있는 소행성대와 비슷한 띠 형태의 새로운 영역에 자리를 잡고 태양 주변을 돌고 있었다.

카이퍼는 태양계 최외곽 행성 너머에(어쩌면 어느 행성계에서나) 행성계 형성 시기의 남은 잔재들이 느리게 궤도 운동하는 일종의 저장소가 존재한다고 주창했다. 이 잔재들은 기존 행성의 중력으로 아직 '청소'되지 않았거나, 더 근본적으로는 애초부터 몸집을 키워 행성으로 성장하지 못한 것들이다. 반면에 수성에서 해왕성까지의 궤도 영역에는 상대적으로 잔재들이 없는 편이다. 지구는 밤하늘을 수놓는 유성들의 원천인 수백 톤의 운석 무리를 매일 헤쳐 나아가지만, 그 무리는 태양계 저 너머 변두리에서 떠다니는 무리들의 규모와는 감히 비교가 되지 않는다. 만약 이 변두리 지역에 거대 행성이 있었다면 이 잔재들을 모조리 청소해 버렸을 것이다. 그러나 해왕성 너머에서는 더 이상 거대 행성을 찾아볼 수 없다. 더구나 잔재들 사이의 텅 빈 공간이 워낙 크다 보니 엄청난 개수의 잔재들이 있다 해도 함께 궤도 운동하는 데 별 문제가 없다.

태양으로부터 80.5억 킬로미터나 떨어진 이곳은 온도가 섭씨 -240도 이하로 곤두박질친 상태다. 태양에 가까이 가면 증발해 버릴 물, 이산화탄소, 암모니아, 메테인과 같은 우주의 기본적 구성 성분들이 이런 낮은 온도에서는 영원히 얼음 상태로 있게 되어 고체를 이루는 재료가 되어 준다. 주잇과 루가 1992 QB1을 발견한 지 몇 년이 채 지나지 않아 추가적으로 발견된 수많은 얼음 천체들은 태양계 내에 얼음 천체들로 이뤄진 '카이퍼대(Kuiper Belt)'가 실제로 존재한다는 사실을 확인해 주었다. 이 천체들의 크기 분포와 발견 확률로 미루어 보건대, 수백 내지 수천 개의 카이퍼대 천체(Kuiper Belt Object, KBO)들이 추가적으로 목록에 오르는 것은 단지 시간 문제다. 그렇다면 명왕성보다 더 큰 천체가 발견된다면 어떻게 할 것인가? 명왕성이 행성이므로 이것도 행성이라고 불러야 할까, 아니면 이 기회에 명왕성을 포함하는 새로운 무리의 천체들을 분류하는 데 사용할 수정된 명칭을 찾아야 할까?

톰보는 1990년대 초까지 생존해 있었다. 그 역시 카이퍼대의 징조를 보았지만 한 손은 지팡이에 의지한 채 필사적으로 저항했다. 그의 지팡이는 걸음을 보조하는 역할도 있었지만 그가 공격적으로 주

그림 4.3. 명왕성의 발견자인 톰보가 사망하기 1년 전 90세 되던 때의 모습. 손에서 놓은 적이 거의 없는 지팡이는 그의 거동을 돕는 데 쓰이기도 했지만 명왕성이 왜 영원히 행성으로 남아 있어야 하는지에 대해 그가 목청을 높일 때마다 자신의 주장에 쐐기를 박는 용도로 쓰이기도 했다.

4 명왕성의 몰락

장을 펼칠 때마다 일종의 무대 도구처럼 쓰이기도 했다. 만약 명왕성이 명실상부한 행성으로서의 지위를 잃어버리게 된다면 톰보야말로 가장 손해를 많이 입을 사람이었다. 1994년 12월에 《스카이 앤드 텔레스코프(Sky & Telescope)》(아마추어 천문가들에게는 월간 성경과도 같은 잡지다.) 잡지 편집장에게 보낸 편지에서 톰보는 다음과 같이 제안했다.[3]

> 저는 태양계의 가장 끝자락에 모여 있는 꽤 작은 '얼음 덩어리들'에 큰 관심이 있습니다. 로웰 천문대에서 일하던 시절, 제가 사용하던 (사진) 건판의 한계치인 17등급보다 더 어두운, 머나먼 그곳에 있는 물체들이 어떤 천체들인지 종종 궁금했습니다. 이 새로운 부류의 천체들을 '카이퍼로이드(Kuiperoid)'라고 부르면 어떻겠습니까?

명왕성보다 더 큰 천체가 카이퍼대에서 발견될 가능성을 미처 생각지 못했던 그는 명왕성도 카이퍼로이드로 부르자고 무심결에 제안했던 셈이다. 어찌됐건 천문학자들이 무슨 피부 전염 질환처럼 들리는 그런 이름을 채택할 리가 만무하다.

행성에 대한 전통적인 분류 방식을 바꾸려는 이 모든 움직임을 보면서 초조감을 느꼈을 게 분명한 톰보는 역사적 배경에서 유래했지만 지금도 여전히 사용 중인 천문학 개념들을 표적으로 트집을 잡기 시작했는데, 그중에는 좀 난해할지라도 확고부동하게 자리 잡은 항성 스펙트럼의 분류 체계도 포함되었다.

기왕 천문학을 재분류할 생각이라면 헤르츠스프룽-러셀도(Hertzsprung-Russell diagrum, 별의 온도(분광형)와 광도의 관계를 표현한 도표. 높은 온도에서 낮은 온도 순으로 별의 분광형이 O, B, A, F, G, K, M, …… 으로 분류된다. — 옮긴이)도 재분류해서 (별들의) 분광형이 알파벳순으로 배열되도록 하면 어떻겠습니까? 그건 절대로 안 되겠지요. 그랬다가는 엄청난 양의 항성 스펙트럼 목록이 엉망진창이 될 테니까요. 아니면 인위적인 별자리 체계를 아예 폐기해 버리는 건 어떻겠습니까? 아, 물론 그랬다가는 아름다운 신화 이야기도 같이 포기해야 되겠군요.

이쯤에서 톰보는 최후의 일격을 가할 태세로 '지팡이'를 들어 올린다.

명왕성은 로웰이 예측한 행성 X로 인정받았기 때문에 발견된 순간부터 아홉 번째 행성이 되었습니다. 이대로 그냥 명왕성을 아홉 번째 행성으로 남겨 둡시다. 행성 X는 결국 존재하지 않았습니다. 제가 14년 동안 17등급까지의 천체들을 총망라해서 전체 하늘의 3분의 2를 샅샅이 뒤졌지만, 행성은 더 이상 발견되지 않았습니다. 제게 주어진 임무를 저는 철저하고 정확하게 수행했습니다. 명왕성은 우리 모두에게 행성으로서 마지막 기회였습니다.

뉴멕시코 주 머시이아 파크에서

클라이드 톰보

누가 감히 80대의 노익장 명왕성 발견자의 말에 반박할 수 있겠는 가?

폴 리비어(1775년 4월 18일 밤새 말을 달려 영국군의 기습 공격을 미국 독립군에게 알린 독립 운동가. 1863년 미국의 시인 헨리 워즈워스 롱펠로가 그를 위한 헌정시를 발표했다. ─옮긴이), 존 헨리(1870년대 철도 터널 공사에서 바위에 망치로 폭약 투입용 구멍을 뚫던 흑인 노동자. 증기 동력 망치와의 경연에서 이겼으나 결국 체력이 소진되어 사망했다고 한다. 이 이야기가 미국의 노동 운동과 민권 운동을 상징하는 사건으로 인용되면서 이를 소재로 민요와 노동 가요가 만들어졌다. ─옮긴이), 폴 버니언(미국의 민간 구전 설화에 등장하는 거대한 체구에 초인적 힘을 가진 벌목 노동자. 그와 관련한 가상의 활약상이 20세기 초 만담 형식으로 신문에 소개되면서 1958년 디즈니 사가 이 이야기를 뮤지컬 만화 영화로 제작했다. ─옮긴이), 데이비 크로켓(19세기 미국의 변방 개척자이자 정치가. 텍사스 독립을 지키기 위해 멕시코와 싸운 1836년의 알라모 전투에서 사망했다. 그의 무용담은 1950년대에 텔레비전 드라마로 제작되어 드라마 주제가 역시 큰 인기를 끌었다. ─옮긴이) 등과 같은 대중적 영웅들처럼 톰보도 음악을 통해 기리어졌다. 1996년 뉴욕에서 활동하는 가수이자 작곡자 크리스틴 래빈이 발표한 「행성 X」(가사 전문은 부록 B 참조)는 명왕성 발견을 둘러싼 전후 사정에서 최근 명왕성의 행성 지위를 지키려는 톰보의 안간힘에 이르기까지 명왕성과 관련한 역사적 전말(경위)을 풍자적으로 노래한다.

명왕성이 태양을 한 바퀴 돌려면 247년이 걸린다네.

너무 작고 너무 춥지만 우주의 무수한 천체 중에서

클라이드 톰보가 가장 애지중지하는 천체라네.

이제 90세지만 매일같이 그는 고군분투한다네.

뉴멕시코 주, 라스 크루시스(Las Cruces)에서.

그의 사랑스러운 명왕성의

행성 지위를 지키겠노라 굳게 마음먹고……

일종의 민속-랩 음악 형식의 119줄이나 되는 노래 가사에는 디즈니에 대한 언급도 들어 있다.

1930년 바로 그해에, 월트 디즈니는

자신만의 플루토를 또한 데뷔시켰다네.

그러나 지옥의 우두머리와 똑같은 이름을 가진 만화 속의 개는

우리에게 친숙한 디즈니 스타일이 아니었다네.

또한 불만스러운 점성술 신봉자들에 대해서는,

그리고 전갈자리에서 태어난 사람들은 낙심천만한다네.

왜냐하면 명왕성이 그들의 별자리를 지배하므로.

이제 오늘의 별자리로 운세를 확인하는 것은

그저 시간 낭비란 말인가?

4 명왕성의 몰락

그리고 (성인의 지위를 잃어버려) 동병상련의 심정일 듯한 성 크리스토퍼 (3세기경 로마 제국에서 순교했다고 전해지며, 어린 예수를 업어서 강을 건너게 해 주었다는 전설에 따라 여행자의 수호 성인으로 추앙된다. 그러나 1969년 교황 바오로 6세가 제2차 바티칸 공의회의 결정에 따라 역사적 사실에 근거하지 않은 성인들의 기념일을 전례력에서 없앰에 따라 덩달아 성인의 지위를 잃었다는 오해가 있었지만, 여전히 성인의 지위는 유지되고 있다. — 옮긴이)에 대해서는,

> 성 크리스토퍼는 이 모든 소동을 내려다보면서,
> 말하기를, "명왕성이여, 네 심정 이해가 가노라.
> 그러니 이 말을 너에게 꼭 해야 되리니. 꼬맹이 동지여,
> 나도 성인의 반열에서 쫓겨났을 때,
> 기분이 별로였다는 사실을."

래빈은 1996년 3월 4일자 《USA 투데이》에 실린 명왕성에 관한 샐 뤼벌의 기사로부터 영감을 얻어 이 노래를 만들었다고 한다.

톰보는 91세가 되는 2월 4일의 생일을 불과 두어 주 앞두고 1997년 1월 17일에 타계했다. 명왕성의 대부로 칭하기에 그는 손색이 없지만, 명왕성의 행성 지위 유지를 위해 그가 홀로 싸운 건 아니었다. 그의 뒤에는 명왕성 관련 연구에 이해 관계가 얽힌 천문학자들이 많았고 그들의 목표는 명왕성에 탐사선을 보내는 것이었다. 1990년대까지 명왕성을 제외한 모든 행성들에 대한 우주 탐사선의 근접 비행이나 방

문이 이루어졌다. 명왕성 탐사선 경쟁에 뛰어든 어느 한 연구진은 예산을 따내기 위해 "마지막 행성에 대한 최초의 탐사"와 같은 미사여구를 내세워 의회를 설득하려고 했다. 이런 문구가 암시하는 것은 ① '행성' 개념이 강력하고 실제적이며, ② 명왕성은 행성이고, ③ 일단 탐사선이 명왕성을 방문하면 행성 탐사가 완성된다는 것이다. 이런 명제들이 성립하려면 당연히 명왕성이 행성이라는 전제가 필요하다. 또한 명왕성이 '얼음 천체' 또는 그에 준하는 행성보다 급이 낮은 천체로 강등된다면 대대적인 명왕성 탐사가 실현될 가능성이 거의 없어지리라는 현실적인 우려 역시 깔려 있었다. 왜냐고? 명왕성이 그저 얼음 덩어리에 불과하다면 지나가는 혜성을 연구하면 되지 굳이 64억 킬로미터 떨어진 태양계 변두리로 탐사선을 보내기 위해 미국 국민의 지갑을 열 필요가 없기 때문이다.

　카이퍼는 명왕성의 강등을 앞장서서 주창했지만, 그 이유는 오늘날의 관점에서 보면 터무니없는 것이었다. 1956년 2월 20일자 《타임》 과학란에 「강등된 행성(Demoted Planet)」이라는 선견지명적인 제목이 달린 기사가 실렸다.[4] 기사의 서두를 "명왕성을 두고 천문학자들은 줄곧 미심쩍어했다."라고 단도직입적으로 시작하면서, 나머지 행성들과 구분되는 명왕성의 (유별나고) 명백한 특징들을 열거한 뒤에 "이러한 차이점들은 명왕성이 어쩌면 진짜 행성이 아닐 수도 있음을 시사한다."의 문구로 그 단락을 마감했다. 그리고 그 다음 단락에 명왕성의 강등을 위한 부연 설명으로서 지금 보면 어설프기 짝이 없는 카이퍼의 주장을 인용했다.

지난 주에 시카고 대학교 천문학자 제라드 카이퍼(파이퍼와 운이 맞는 발음이다.)는 명왕성의 강등을 뒷받침하는 또 다른 증거를 제시했다. 최근 관측 결과로부터 명왕성의 자전 주기가 6일을 넘는다는 사실이 밝혀졌다. 카이퍼 교수에 따르면 이는 행성치고는 너무 느리다고 한다.

당시 카이퍼는 (그리고 그 누구도) 몰랐지만, 지구의 '자매' 행성인 금성은 한 번 자전하는 데 243일이 걸린다. 이것은 금성이 태양을 공전하는 데 걸리는 시간보다 18일이 더 긴 것이다. 즉 금성의 하루는 금성의 1년보다 더 길지만, 금성을 행성 지위에서 제외하자고 누구도 나서지 않는다. 수성 역시 수성의 1년의 3분의 2에 해당하는 긴 하루를 갖는다. 따라서 절대 변하지 않을 근원적인 특성을 찾아냈다고 함부로 속단하고 사물을 분류하려 들다가는 체면을 구길 수 있다.

ㄹ

미국 자연사 박물관 산하의 유서 깊은 헤이든 천체 투영관의 방문객 수가 급격히 줄어드는 상황을 타개하기 위해 박물관 이사회의 고문으로 일한 지 1년이 지났을 때, 나는 천체 투영관의 관장 대리로 선임되었다. 이로부터 1년 후인 1996년 5월 박물관장 엘런 푸터와 기획 운영 단장 마이클 노버첵(공룡 고생물학자)이 신설 석좌직의 첫 발탁자로 나를 정식 임명하면서 나는 헤이든 천체 투영관의 아홉 번째 관장이 되었다. 첫날부터 내 발등에 떨어진 가장 급박한 현안은 2억 3000만 달러를 들여 박물관 안에 새로 건설하는 로스 지구 및 우주 센터를 위한 프로젝트 과학자로서의 역할이었다. 이 센터는 뉴욕 부동산계의 거물이자 우리 박물관의 이사인 프레더릭 피니어스 로스와 그의 아내 샌드라 프리스트 로스의 이름을 따서 명명되었는데, 그들은 이 센터의 거액 기부자이자 내가 임명된 석좌직의 재원 제공자이기도 했다. 로스 센터에는 천문 우주에 특화된 별관의 일부로서 새로운 발상을 적용해서 재단장될 헤이든 천체 투영관이 포함될 예정이었다.

로스 센터의 외양, 분위기, 전시물의 결정에는 네 개의 주요 법인이 협업했다. ① 펄스헥 앤드 파트너스(Polshek and Partners) 건축 회사, ② 워싱턴 D. C.의 홀로코스트 기념관 관련 작업으로 유명해진 랠프 애펠봄 앤드 어소시에이츠(Ralph Appelbaum and Associates) 전시 설계 회사, ③ 내가 위원장직을 맡으면서 아래 상근 과학자들로 구성된 과학 자문 위원회.

제임스 스와이저: 시카고 대학교 천체 물리학자 출신의 교육 전문가.

프랭크 서머스: 프린스턴 대학교 우주론 연구자.

스티븐 소터: 코넬 대학교 출신의 행성 과학자.

찰스 리우: 컬럼비아 대학교의 은하 생성 및 진화 분야 전문가.

4 명왕성의 몰락

이 외에 내부 구성원의 전공 분야에 반영되지 않은 천체 물리학의 다른 하위 분야를 대표하는 엄선된 외부 전문가들. 그리고 마지막으로 ④ 천체 물리학의 소양을 갖춘 예술가 데니스 데이비드슨이 이끄는 과학적 시각화 기술 전문가들.

　　예전에는 천체 투영관 방문이라면 으레 '천구 쇼(sky show)'를 보러 가는 것이었다. 보행로 복도에 늘어선 전시품들은 쇼가 시작되기를 기다리는 동안 시간을 때우기 위한 용도에 불과했다. 그러나 20세기 말에 이르자 우주에 관해 천체 투영관 쇼만으로는 소화할 수 없을 정도로 방대한 양의 지식이 축적되었다. 이에 따라 우리의 임무는 그저 기존 시설의 외양을 개선하는 데 그치지 않고 전적으로 새로운 무언가를 창조해 내는 것이었다. 이제는 '우주 쇼(space show)'로 이름이 바뀐 공연을 가능케 할 최첨단 설비를 설계하고 발주하는 것뿐만 아니라, 우주의 서사를 웅대한 규모로 펼치기에 충분한 3차원 전시 공간을 갖춘 독특하면서 시선을 잡아끄는 건물을 지어야 했다.

　　1995년 1월 로스 센터의 기본 건축 설계도는 공공 기록물로 등재되었다. 지름 26.5미터의 거대한 구 형태인 건물은 위 절반에 천체 투영 방식의 우주 상영관을 포함하고 아래 절반에는 우주 대폭발의 재현 과정을 관람객들이 둘러볼 수 있게 한 전시관이 들어서게 되었다. 지지 기둥을 측면에 연결함으로써 구 전체가 바로 아래에 위치한 널따란 '우주 홀' 위에 마치 두둥실 떠 있는 것처럼 보이게 했고, 정육면체의 유리 건물에 둘러싸인 구가 환하게 빛나도록 조명을 설치해

그림 4.4. 헤이든 구를 품고 있는 '프레더릭 피니어스 앤드 샌드라 프리스트 로스 지구 및 우주 센터'의 야경. 2억 3000만 달러가 투입되어 2000년 2월 19일 토요일에 일반에게 공개된 이 시설의 태양계 전시실은 명왕성을 태양계의 나머지 여덟 개 행성들이 아닌, 태양계 외곽의 카이퍼대로 알려진 얼음 천체 무리와 함께 분류했다. 이 전시 방식이 《뉴욕 타임스》의 1면을 장식하면서 미국 전역에 걸쳐 어린 학생들의 분노를 불러일으키게 되었다.

4 명왕성의 몰락

서 밖에서도 잘 보이게 했다. 그다음 두 해에 걸쳐 외양과 내용물 간의 조화에 관한 철학적 관점을 확립한 후에 1997년 1월에 3년 기한으로 전면적 재건축이 시작되었다. 건물이 지어지는 동안 우리는 전시 설명문이나 기타 내용물의 세부 사항에도 관심을 쏟았다. 온 우주를 망라해서 구의 형태가 얼마나 흔한지를 감안할 때, 이 '헤이든 구'가 시설물의 외피로서뿐만 아니라 그 자체로 전시의 한 구성 요소로서의 역할을 하게 될 가능성을 처음부터 염두에 두었다.

내용물을 계획하면서, 먼저 다양한 천체 물리학적 개념의 '존립 수명(shelf life)'을 평가할 필요가 있었다. 예를 들어, 코페르니쿠스 이후로 지구가 태양 주위를 돌며, 태양이 지구 주위를 돌지 않는다는 개념은 확고부동해서 앞으로도 달라질 가능성이 없다. 그런 전시물은 긴 존립 수명을 가지므로 관련 설명을 금속판에 영구적으로 새겨 넣어도 상관이 없다.

중간의 수명을 갖는 부류로는 화성에 과연 물이 존재하는가 등의 질문이 있다. 과거에 화성 지표면을 따라 흘렀던 액체 상태의 물이 현재는 영구 동토층에 갇혀 있을 것이라고, 지금은 의견이 모아졌지만, 앞으로 NASA 화성 탐사선의 발견 성과에 따라 결론이 다시 바뀔 수 있다. 따라서 설명문이나 관련 사진은 후방 조명이 설치된 교체 가능한 슬라이드 형식으로 전시한다. 존립 수명이 짧을지도 모르는 과학 개념에는 최신 발견, 흥미로운 가설, 그밖에 또 다른 발견이나 좀 더 포괄적인 이론을 통해 증명되거나 반박되기를 기다리는 개념들이 포함된다. 그런 경우는 해당 연구를 하는 과학자가 직접 최근 성과에 대해 설명하는 비디오를 그냥 상영하기로 했다. 슬라이드도 없고 금속판에 새긴 설명문도 없고 그저 언제든지 교체할 수 있는 비디오테이프만 있을 뿐이다. 어느 특정 주제가 이 세 부류 중 어디에 속하는지에 따라 어떤 방식으로 전시될지가, 즉 그 전시물의 제작비 예산이 결정되었다.

1997년 11월에 소터가 스미스소니언 항공 우주 박물관을 떠나 우리 팀에 합류했다. 소터는 세이건 및 앤 드루얀과 함께 미국 공영 방송(PBS)의 기념비적 다큐멘터리 시리즈 「코스모스(Cosmos)」의 각본을 공동 집필한 경력을 갖고 있다. 우리와 함께 일을 시작하고 한 서너 달쯤 되었을 때, 소터는 1998년 2월호 월간 《애틀랜틱 먼슬리(*Atlantic Monthly*)》에 실린 데이비드 프리드먼의 「행성은 언제 행성이 아니게 되는 걸까?(When Is a Planet Not a Planet?)」라는 제목의 명왕성에 대한 기사를 내게 보여 주었다. 기사 상단에 그는 "이 내용을 한번 고려해 보시면 어떨지요!"라는 정중한 메모를 덧붙였다. 그가 (제대로) 판단했듯이, 이 기사에서 제기된 쟁점은 아직 설계 단계에 있던 우리 센터의 행성 전시물의 내용에 영향을 줄 만한 사안이었다.

이 주제에 대해 내 나름의 평론을 쓰기로 결정한 뒤에, 명왕성이 극심한 타원 궤도 덕분에 20년 만에 해왕성의 궤도를 재차 가로질러 또다시 태양계에서 가장 멀리 떨어진 행성이 되는 바로 그 타이밍에 맞추어서 「명왕성의 영예(Pluto's Honor)」라는 제목의 글을 1999년 2월호 《자연사(*Natural History*)》에 기고했다.[5] 이 글을 쓰게 된 동기는, 가장 멀리 떨어져 있는 행성 자리로 명왕성의 복귀를 경축하면서 명왕성의 연대기와 특성들을 훑어보고, 1801년 발견 당시에 행성으로 간주되었던 소행성 세레스와의 역사적 유사성을 상기시키면서 이 문제에 대한 행성 과학자들의 속마음을 대략적으로 보여 주고 싶다는 것이었다. 이러저러한 관점들과 주장들을 소개하고 나서 기사 끝에 나는 이 꼬마 행성에 대한 일말의 아쉬운 미련을 토로했다.

미국 시민으로서, 나는 명왕성의 영예를 지켜 줘야 한다고 생각한다. 명왕성은 20세기 우리 문화 및 의식 깊숙이에 생생히 살아 있을 뿐만 아니라 여느 대가족마다 으레 있게 마련인 문제아처럼 우리 태양계 행성 가족의 다양성을 보장해 준다. 또한 미국에서 거의 모든 어린 학생들에게 명왕성은 마치 옛 친구처럼 여겨지는 존재다. 심지어 아홉 번째라는 것이 사뭇 시적인 느낌마저 불러일으키지 않는가.

그러나 나 스스로의 기본적 신념을 억누를 수는 없었다.

그러나 교수로서는 무거운 심정으로 명왕성의 강등에 찬성할 수밖에 없다. 그동안 명왕성은 가르치기 난감한 주제였다. 하지만 이제 명왕성도 별 불만이 없으리라 확신한다. 행성들 속에서는 천덕꾸러기였지만 지금은 카이퍼대의 명실상부한 제왕이 되었으니 말이다. 우주 캠퍼스에서 명왕성은 이제 '거물'이다.

그렇지만 로스 센터의 명왕성 전시 방식과 관련해서 내 개인적 시각을 일방적으로 강요할 생각은 추호도 없었다. 그런 태도는 학자로서 무책임할 뿐만 아니라 프로젝트 책임자로서 권한 남용으로 치부되었을 것이다. 더구나 명왕성을 어떻게 다룰지에 대해 통상적이지 않은 방식이 채택되려면 내부와 외부 과학 위원회의 합의가 필요했다. 무엇보다도 행성은 내 전문 분야가 아니다. 내 전공은 별 생성과 은하 진화다. 아울러 새로운 천체 분류 체계 수립은 내가 담당한 역할이 아니었다.

그 기사가 나가자마자 독자들로부터 편지가 쏟아졌는데, 그중에서 가장 기억에 남는 편지는 '명왕성 행성 보호 협회'라는 단체의 설립자이자 회장이기도 한, 뉴욕 주 롱아일랜드에 있는 호프스트라 대학교의 줄리언 케인 교수가 보낸 것이었다. 그는 내 기사에 있는 "무거운 심정" 문구를 교묘하게 비틀어서 자신의 편지를 끝맺었다.

타이슨 교수는 무거운 심정으로 명왕성의 퇴출에 찬성할 수밖에 없다고 역설한다. 그러나 케인 교수는 심장마비가 일어날 것 같은 떨리는 심정으로 좀 더 확실한 증거들이 추가로 발견될 때까지는 명왕성을 행성으로 유지해야 한다는 데 찬성한다.

4 명왕성의 몰락

한편, 로스 센터에 있는 우리만 태양계 변두리에 있는 천체들의 분류 체계에 대해 고심했던 것은 아니었다. IAU 역시 마찬가지였다. 1919년에 창설되어 현재 1만 명의 회원을 보유한 IAU는 "국제 협력을 통해 과학으로서의 천문학을 모든 면에서 수호하고 널리 알리자는" 취지로 운영되는 전 세계 천문학자들의 학술 단체다. IAU가 수행하는 다양한 임무 중에는 혼돈을 일으킬 수 있는 명명법이나 용어 목록을 재정립하기 위한 위원회 구성이나 회원 간의 합의 도출에 필요한 여러 활동이 포함된다. IAU의 권위는 법률이나 교리가 아니라 과학적 합의에 기반을 둔다. 명왕성-카이퍼대 문제와 관련해 회원들 간에 의견이 분분하자, IAU는 더 이상 묵과하지 않고 이 문제를 들여다보기로 결정했다. IAU로서는 일상적인 단순한 조치였음에도 대다수 언론(그리고 천문학계의 상당수)은 이를 명왕성을 강등시키기 위한 본격적인 행보로 해석했다. 다수의 행성 과학자들은 행여 행성 과학계 내의 명왕성 마니아들이 초반부터 싹을 자르려고 할까 봐 우려한 나머지 흥분했다.

우연하게도, 내가 잡지에 명왕성 기사를 기고한 바로 그 달에 IAU의 총무 요하네스 안데르센은 진솔하지만 어딘가 서투른 보도 자료를 통해 IAU가 명왕성 강등 계획을 승인했다는 소문을 반박하려고 했는데, 그 전문을 여기 소개한다.[6]

명왕성 지위 관련 해명문

최근 언론에서 IAU가 태양계의 아홉 번째 행성으로서 명왕성의 지위를 변경하려는 시도를 하고 있다는 보도가 많이 있었다. 유감스럽게도 일부 보도는 해당 주제나 IAU의 의결 과정에 대해 불완전하거나 잘못된 정보에 근거하고 있다.

IAU는 부정확한 보도로 인해 광범위한 대중적 혼돈이 야기된 데 대해 유감스럽게 생각하며 아래와 같이 정정 보도 및 해명을 하고자 한다.

1. 태양계의 아홉 번째 행성으로서의 명왕성의 지위를 변경하자는 어떠한 제안도 IAU 내 태양계 분야의 어느 분과, 위원회, 특별 위원회에서도 제기된 적이 없다. 따라서 IAU 정책을 결정하는 임원들이나 집행 위원회에서도 그 같은 시도를 한 적이 전혀 없다.

2. 최근에, 궤도뿐만 아니라 어쩌면 기타 특성들에서까지 명왕성과 유사한 상당수의 작은 천체들이 해왕성 너머 태양계 외곽에서 발견되었다. 이러한 해왕성 바깥 천체(Trans-Neptunian Objects, TNO)의 목록과 같은 기술적 자료에는 명왕성에도 고유 번호를 부여함으로써 이 천체들에 대한 관측이나 계산을 수행할 때 편의를 도모하자는 제안은 있었다. 그러나 이런 과정이 행성으로서의 명왕성의 지위에 어떠한 영향도 미치게 해서는 안 된다는 점이 분명하게 명시되었다.

IAU 행성계 과학 분과 내에 설치된 특별 위원회에서 TNO에 고유 번호를 어떻게 부여할지에 대한 기술적 논의를 진행하는 중이다.

또한 물리적 특성에 따른 행성 분류 방법에 대해서도 고려하는 중이다. 현재 이런 논의들은 현재 진행형이므로 시간이 좀 걸릴 것이다.

그렇지만 이 분과 소속의 왜소 천체 명명 위원회가 명왕성에게는 어떠한 소행성 번호도 부여하지 않기로 결정을 내렸다.

3. 종종 IAU는 다른 과학 분야 또는 일반 대중에게 영향을 미치는 천문학적 쟁점에 대해 판단을 내리거나 의견을 제시한다. 이런 판단이나 제안은 국내법이나 국제법으로 실행을 강제할 수는 없지만, 실제 현장에서 합리적이고 효율적인 기준이 될 수 있으므로 받아들여지게 된다. 이에 따라 판단이나 제안은 확실하게 입증된 과학적 사실에 입각해야 하며 관련 학계의 전폭적인 의견 일치를 통해 뒷받침되어야 한다는 것이 IAU의 방침이다. 명왕성의 지위에 대한 어떤 판단도 이런 방침에 부합하지 않는다면 헛수고일 따름이므로 결국 아무런 의미가 없다. 그럼에도 여전히 떠도는 낭설들은 상기 방침에 대해 충분히 이해하지 못한 탓으로 생각된다.

IAU의 임무는 천문학의 과학적 발전을 도모하는 것이다. 이 임무의 중요한 일부분은 과학적 쟁점에 대해 국제적 규모의 토론의 장을 제공하는 것이다. 그렇다고 해서 토론의 결과가 상기 조건들을 만족하는 합당한 검증을 거치지 않고도 IAU의 공식 입장이 될 수 있다고 추정해서는 안 된다. IAU의 방침과 결정은 전 세계 과학계의 철저한 심의를 거쳐 자체 산하 기구에서 정리될 것이다.

IAU 총무

요하네스 안데르센

만약 안데르센의 목적이 단순히 오해를 바로잡으려는 것이었다면 좀 더 간결한 문구를 사용했어야 한다. 이 발표문은 과학자가 아니라 마치 변호사가 작성한 것처럼 보인다. 특히 어조뿐만 아니라 노골적으로 방어적인 자세로 미루어 보건대, 마치 도둑이 제 발 저린 것처럼, 그 자신도 이미 다가오는 폭풍을 감지하고 있었음에 분명하다.

P

전시물의 설계와 제작에 이미 지출한 (그리고 앞으로 지출할) 비용을 고려할 때, 우리에게는 천체 물리학적 지식에 대해 성급한 결론을 내리지 말아야 할 의무가 있었다. 최신 천문학적 발견에 대해 최선을 다해 평가함으로써 센터가 개관한 후에도 가능한 오랫동안 전시물이 첨단의 상태를 유지해야 했다. 이에 따라 우리 센터뿐만 아니라 일반 대중을 위해 명왕성의 지위에 대한 공개 토론회를 열어 이 분야의 세계적인 전문가들을 초빙해서 무대에서 난상 토론을 벌이기로 했다.

1999년 5월 24일 월요일 밤에 800명의 청중이 과학 토크 "명왕성의 최후 진술: 일단의 전문가들이 태양계의 가장 작은 행성의 분류에 대해 토의하고 논쟁하다"를 듣기 위해 미국 자연사 박물관의

(IMAX 영화관으로도 사용되는) 대강당에 몰려들었다. 그날 나와 함께 무대로 올라온 5명의 과학자보다 이 분야에서 더 전문적인 전문가들은 아마 찾기 어려울 것이다.

마이클 에이헌: 메릴랜드 대학교 칼리지 파크 캠퍼스의 혜성 및 소행성 전문가, IAU 행성계 과학 분과 위원장, IAU 왜소 천체 명명 위원회 위원장.

데이비드 레비: 전 세계 아마추어 천문가들의 수호 성인, 10여 개의 혜성과 소행성의 발견자 또는 공동 발견자. 명왕성의 발견자 클라이드 톰보의 전기 작가.

제인 루: 네덜란드 라이던 대학교의 교수, 실질적으로 최초의 카이퍼대 천체의 공동 발견자이자 그 이후로도 수많은 유사 천체를 공동 발견한 천문학자.

브라이언 마스던: 하버드-스미스소니언 천체 물리학 연구소의 혜성 및 소행성 전문가, IAU의 소행성 센터 및 일시적 천문 현상의 정보 집합소인 중앙 천문 전신국(Central Bureau for Astronomical Telegrams) 운영 책임자.

앨런 스턴: 콜로라도 주 볼더에 있는 사우스 웨스트 연구소 소속(나중에 NASA의 과학 부국장으로 임명되었다.), 태양계 내의 온갖 종류의 소천체 전문가, 근사한 제목의 『명왕성과 카론: 태양계의 거친 변방에 있는 얼음 왕국들(Pluto and Charon: Ice Worlds on the Ragged Edge of the Solar System)』의

저자, 그리고 이후 명왕성과 카이퍼대 탐사를 위한 NASA 뉴 호라이
즌스 임무의 연구 책임자. (그림 3.9)

만약 명왕성 문제에 대한 혜안을 제시할 적임자를 찾으라면 다름 아
닌 바로 이 사람들일 것이다. 최상의 시기에 최적의 장소에서 최고의
전문가들이 모인 것이다.

　우리가 당면하고 있는 여러 과학적, 교육적 문제점들에 대한 간
략한 소개가 있고 나서 본격적인 토의가 시작되기 전에 차례로 토론
자들도 한마디씩 소견을 밝혔다. 토론회가 진행된 90분 내내 오로지
과학 연구의 관점에 부합하는 합리주의자적 태도를 견지한 에이헌
은, 만약 상당한 크기를 가진 구형 천체의 내부 작용에 연구 초점이
맞춰진다면 명왕성을 행성으로 간주해도 상관없지만, 연구의 관심
사가 그 천체의 기원에 있다면 명왕성은 카이퍼대 천체로 분류되어
야 한다고 설명했다. 레비는 단지 명왕성뿐만 아니라 천문학과 과학
전반에 걸쳐 거리낌 없이 감상주의자적 면모를 드러냈다. 우리 중 가
장 젊으면서 예리하고 거침없는 루는 명왕성을 가차없이 평가절하
했을 뿐만 아니라 그녀가 보기에 구태의연하고 중구난방인 질문들
에 대해 짜증스러워했다. 반면에 영국식 어투로 시종일관 재치 있고
친근한 태도를 유지한 마스던은 명왕성을 상황에 따라 다르게 분류
하자고 제안했다. 명왕성은 단연코 행성이라는 입장에 있어 확고부
동한 스턴은 물리 법칙과 초등학교 5학년생의 감정을 동시에 만족시

키고 싶어 했다. 비록 언론을 통해 내 선택에 대해 이미 선언한 셈이 되어 버렸지만, 그날 밤 나는 객관적 입장에 있어야 하는 진행자로서 어느 쪽 의견이든 간에 열린 마음으로 귀를 기울였다.

본격적인 토론이 시작되자 첫 발언자로 나선 루는 거두절미하고 곧바로 본론으로 들어갔다.

카이퍼대를 발견하고 명왕성이 단지 그 일원에 불과하다는 사실을 깨달았을 때 우리는 상당히 기뻐했습니다. …… 그러나 우리의 발견이 결과적으로 다른 많은 사람들에게 힘든 질문을 던지게 만들었다는 사실도 알게 되었죠. 명왕성은 정말 행성일까? 일부 과학자들은 그 크기가 너무 작은 데다가 주변에 비슷한 천체들의 무리가 존재한다는 사실을 감안할 때 명왕성을 소행성이나 혜성처럼 소천체로 분류해야 한다고 주장합니다. 이에 대해 반발하는 다른 과학자들은 비록 명왕성의 신원이 바뀌었을지라도 행성 지위의 박탈은 천문학 역사에 대한 모독이며 대중에게 혼란을 초래할 수 있다고 주장합니다.

개인적으로 저는 어느 쪽 주장이든 관심 없습니다. 명왕성은 우리가 어떻게 분류하든 상관없이 그저 자기 갈 길을 갈 뿐입니다.

그것만으로 충분치 않았는지, 루는 이어서 과학과 감상주의 사이에 명확한 선을 그었다.

만약 명왕성이 계속해서 아홉 번째 행성으로 불린다면 이는 오로지 관습과 감상적 이유 때문일 것입니다. 행성에 대해 생각할 때 가정, 삶, 행복한 추억과 같은 상념이 떠오르므로 사람들은 행성을 좋아합니다. 그리고 천문학자들 또한 행여 누락되는 행성이 없도록 항상 더 많은 행성을 찾아 헤맵니다. 결국, 문제의 요지는 다음 질문으로 귀착됩니다. 과학은 민주적 절차에 따라야 하는가? 아니면 논리에 근거해야 하는가?

내가 이 책의 앞부분에서도 언급했듯이 그녀 역시 청중에게 소행성 세레스의 이력을 상기시켰다. 세레스가 처음 발견되었을 당시에는 명왕성처럼 미처 찾지 못한 행성이 발견된 것으로 생각되었지만, 곧이어 다른 소행성들이 연달아 발견됨에 따라 태양계 내 특정 구역에 분포하는 새로운 부류의 천체들, 즉 소행성대에서 크기가 가장 큰 구성원에 불과하다는 사실을 천문학자들이 깨닫게 되었고 이에 따라 세레스의 행성 지위가 곧바로 취소되었다. 따라서 명왕성의 발견 직후에 또 다른 카이퍼대 천체들이 발견되었더라면 명왕성의 행성 지위도 마찬가지로 즉각적으로 취소되었을 것이라고 그녀는 강조했다.

　　루는 아래와 같이 정곡을 찌르는 질문을 던지면서 끝을 맺었다.

우리는 계속해서 더 많은 카이퍼대 천체들을 찾기 위해 노력하고 있고 탐사는 상당히 잘 진행되고 있습니다. 만약 크기가 명왕성과 비슷한, 즉 명왕성보다 좀 더 크거나 혹은 약간 작은 천체가 발견된다면 이 천체도 행성이라고 불러야 할까요, 아니면 어떤 다른 이름으로 불러야 할까요?

얼음처럼 차가운 어조로 일말의 여지도 없이 단호한 그녀의 강연에 청중은 매료되었다.

다음 차례는 비록 반대편 입장에 서 있기는 해도 루보다는 좀 더 부드러운 어조로 약간이나마 타협의 여지를 내비친 스턴이었다. 루와 마찬가지로 그 역시 명왕성의 행성 지위는 민주적 관점에서 결론 낼 사항이 아니라고 선언했다. 그 또한 루처럼(나머지 다른 토론자들도 마찬가지였지만) 비유를 들어 자신의 관점을 설득시키려 했다. 착각에서 비롯된 용어 문제를 언급한 루는 아메리카 원주민이 초기에 "인디언"으로 불린 것은 "오로지 콜럼버스의 착각으로 인해" 아메리카 대륙을 인도라고 잘못 생각했기 때문이었지만 이제는 아메리카 원주민이 인도 원주민이 아니라는 것을 우리 모두가 잘 알고 있다는 사실을 지적했다. 자기 나름의 비유를 사용해서 스턴도 명왕성과 관련해 자주 거론되는 크기 문제를 변호했다. 치와와의 크기가 작다고 해서 그 누구도 개가 아니라고 하지 않는 것은, 치와와에는 "선천적인 특성"이 있어서, 즉 누가 보더라도 개의 부류에 속한다는 것을 즉각적으로 알게 하는 "개의 고유한 특성"이 있기 때문이라는 것이다. 마찬가지로 명왕성의 둥근 모양이야말로 행성으로서의 특성을 나타낸다는 것이다.

어떻게든 행성의 궁극적인 정의를 수립하려는 노력의 일환으로(비록 IAU는 그런 노력을 일부러 회피해 왔지만), 스턴은 이미 발견되었거나 혹은 앞으로 발견될지 모르는 어느 천체에나 적용할 수 있는 물리적 검증 방법으로서 "논리적 체(rational sieve)"를 제안했다. 그의 말에 따르면, 이 방법이 편리한 이유는 행성의 최대 크기와 최소 크기에 있어서 한계치가 존재하기 때문이다. 상한치 이상이 되면 천체의 크기가 너무 커져서 내부에서 수소 핵융합이 일어나게 되어 항성처럼 작동하게 되므로 항성으로 불려야 한다. 하한치보다 작아지면 질량이 정유체 평형의 물리적 과정에 따라 "저절로 둥글어지기에" 충분치 못해서 행성이라고 부를 수 없게 되는데, 정유체 평형은 천체의 질량이 최소한 명왕성 질량의 절반은 되어야 일어난다. 따라서 천체의 크기가 상한치와 하한치 사이에 있다면 이 천체는 행성에 속한다고 말할 수 있는데, 이 천체가 항성 주위가 아닌 또 다른 행성 주위를 돈다면 "행성체(planetary body)"라고 부를 수 있다는 것이다.

그의 주장은 명료할뿐더러 심지어 설득력까지 있었다. 그러나 명왕성의 행성 지위에 대한 판단을 민주적 절차에 맡기는 것에 대한 그 자신의 반대 입장에도 불구하고 여전히 그는 또 다른 형태의 민주적 청원, 즉 여론의 힘에 호소한다.

아마도 최상의 판정 방법은 초등학교 5학년인 제 딸 세라가 제안한 방법일지도 모르겠습니다. 이를테면, '보면 몰라?' 판정법이라고 할 수

4 명왕성의 몰락

있는데, 외설물(의 정의)에 대한 대법관의 판단처럼 저도 행성에 대해 정확하게 정의할 수는 없지만 보면 알 수 있습니다. (1964년 미국의 연방 대법관 포터 스튜어트가 외설물 여부를 판가름하는 한 소송에서 외설물을 명료하게 정의할 수는 없지만, "보면 안다."라고 말하며 판결한 사건을 말한다. — 옮긴이) 마찬가지로 초등학교 5학년 학생에게 명왕성의 사진을 보여 주고 행성인지 물어보면, 대답은 "보면 몰라요?"일 것입니다.

천체의 분류와 관련한 백과사전적 지식을 바탕으로 단상의 모든 의견에 장단을 맞춰 준 마스던은 명왕성을 해왕성 바깥 카이퍼대에 속하는 이웃 천체들과 동일하게 분류하면서도 또 한편으로는 일부 소천체들이 소행성이면서 동시에 혜성으로 분류되는 경우처럼 명왕성에게도 행성(아홉 중의 하나)이면서 동시에 소천체(소행성)인 이중 지위를 허용하자는 의견에 전적으로 찬성했다. 과거 한때 그는 명왕성이 "화성과 목성 사이에 있는 하찮은 작은 덩어리"처럼 취급되기보다는 그리스 어로 1만(10000)을 뜻하는 "듣기 좋고 논란이 없는" 마이리오스토스(Myriostos)라는 이름을 부여받아 소천체 목록 번호 10000으로 공식적으로 등재되기를 희망한 적이 있었다. 그 노력이 물거품이 되자 이제 그는 둥근 모양을 갖춘 소행성 세레스도 명왕성과 똑같은 대접을 받는다면 어떤 의견이든지 순순히 받아들였다.

다음 차례는 에이헌이었는데 마스던처럼 그 역시 명왕성에게 이중 지위를 부여하자는 대열에 기꺼이 동참했다. 특유의 칼 같은 정확성으로 그는 자신의 관점에 대해 설명했다.

명왕성이 행성인지, 소천체인지, 혹은 어떤 다른 것인지, 왜 우리는 이렇게까지 명왕성의 분류에 관심을 쏟는 것일까요? 그러고 보면 천문학이나 기타 다른 과학 분야에서 애당초 분류를 하는 이유가 뭘까요? 왜 우리는 인간을 굳이 침팬지와 구분하려는 걸까요?

분류를 하는 이유는 세상 만물이 어떻게 작동하는지 또는 어디에서 유래하고 어떻게 변해 왔는지를 우리 스스로 이해할 수 있도록 경향이나 양상을 파악하려는 것입니다. 따라서 명왕성의 분류 방식은 명왕성이 어떤 특성을 가졌는지, 그리고 어떻게 생성되고 진화해 왔는지를 이해하는 데 도움이 되는 방식이어야 합니다. 예를 들어, 고체 천체의 내부가 어떻게 작동하는지를 알고 싶다면 명왕성을 행성으로 간주하는 것이 적절할 것입니다. 반면에 태양계가 어떻게 현재 모습을 갖추게 되었는지 알고 싶다면 명왕성이 대부분의 다른 해왕성 바깥 천체들과 마찬가지의 과정을 거쳐 진화해 왔으리라는 점에 의문의 여지가 없습니다. …… 따라서 그런 질문에 관심이 있다면 당연히 명왕성은 해왕성 바깥 천체로 분류되어야 합니다. 결국, 이는 기본적으로 명왕성에 이중 지위를 인정해야 한다는 의미이기도 합니다.

그런데 그가 깜짝 발언을 덧붙였다. 명왕성을 해왕성 바깥 천체로 분류하면 혜성의 생성 지역에 속하게 되므로 IAU의 분류에 따라 혜성인지, 아니면 소행성인지를 구분해야 한다. 말하자면, 천체 주변에 보풀 모양이 보이면 대기를 보유한다는 의미인데, 얼음 천체인 혜성들처럼 명왕성도 궤도 상에서 태양에 가장 가까워지는(그렇다 해도 여전히 꽤 먼 거리이지만) 근일점 근방에 머무르는 몇 년간 대기를 갖게 될 것이다. 그렇게 되면 "우리는 두말할 것 없이 명왕성을 '톰보 혜성'으로 부르게 될 것"이라고 결론지었다. 그의 말에 청중은 열광했다.

마지막 토론자는 레비였다. 그는 톰보의 헌신과 영웅적 활약상에 대한 찬사뿐만 아니라 심지어는 명왕성에 대한 어린이들의 애착, 어린 시절 그의 아버지가 들려준 천문학적 발견에 관한 이야기들, 또한 그가 어릴 때 경외의 대상이었던 쿵쾅거리며 걷는 브론토사우루스(brontosaurus)가 사실은 아파토사우루스(apatosaurus)였다고 발표하고(브론토사우루스와 아파토사우루스는 1억 5000만 년 전 쥐라기에 서식한 몸길이 20미터가 넘는 거대 공룡이다. 그러나 1879년에 발견된 브론토사우루스의 첫 화석이 그보다 앞서 1877년에 발견된 아파토사우루스 화석과 너무 비슷하다는 사실로부터 브론토사우루스의 실제 존재 여부에 대해 100년 이상 논쟁이 계속되었다. 1970년대에 미국 서부에서 발견된 공룡 화석들은 브론토사우루스로 판정되어 대중적 인기를 누렸지만, 나중에 두 공룡이 사실상 동일하다고 결론지어지면서 아파토사우루스로 개명되었다. 그러나 2015년에 두 공룡이 서로 다른 속(屬)이라는 연구 결과가 발표되면서 다시 한번 브론토사우루스의 이름이 되살아나기도 했다. ─ 옮긴이) 아름다운 볼티모어꾀꼬리가 사실은 북부꾀꼬리였다고 발표한(볼티모어꾀꼬리는 미국 동부에 주로 분포하는 철새로서 미국 서부에 주로 분포하는 불럭꾀꼬리와 함께 '북부꾀꼬리'라는 단일 종에 속하는 것으로

1973~1995년경까지 학계에서 가정했다. 그러나 최근에는 이 두 새가 서로 완전히 다른 종인 것으로 밝혀졌다. ─ 옮긴이) 전문 분류학자들의 무자비함까지 들먹이면서 그는 단호하게 명왕성의 행성 지위를 유지해야 한다는 편에 섰다.

저에게 과학은 오로지 과학자만을 위한 것이 아닙니다. 저에게 과학은 모든 사람, 즉 우리를 위한 것입니다. 과학은 '클라이드 톰보 초등학교' 학생들을 위한 것이고 여기 청중으로 와 있는 청소년을 위한 것입니다. 이들은 어떤 대상에 대해 단순히 "저건 행성이야." 혹은 "저건 브론토사우루스야."라고 말하는 것 이상으로 더 깊이 알고 있습니다.

그런데 진짜 중요한 핵심은 우리가 밖에 나가 밤하늘의 별들을 우러러볼 때 뭔가 엄청나게 복잡한 존재가 아닌 그저 순수하게 아름다운 대상으로만 바라본다는 것입니다. …… 명왕성에 탐사선을 보냅시다. 거기에 도착해서 찍은 사진에 행성이 아닌 강아지 한 마리가 있다면 토론회를 다시 열어서 명왕성이 행성이 아니라 강아지인지 브론토사우루스인지를 결정하면 됩니다. 하지만 그때까지는 제발 그냥 밤하늘을 즐기면서 명왕성은 이대로 가만 내버려 두었으면 좋겠습니다.

명왕성의 지위와 관련해 주로 과학적 측면이었지만 문화적 측면에서도 심도 있는 논의를 한 것은, 헤이든 천체 투영관에서 일하는 우리뿐만 아니라 그 자리의 청중들, 그리고 아마도 전 세계 그 누구를 막론하고 그날 밤이 처음이었을 것이다. 그리고 토론의 결론으로서 편이 나뉘었다. 한 명은 두말할 것 없이 명왕성은 얼음 소행성이라고 선언했고, 두 명은 이중 지위를 부여하자고 한 반면, 나머지 두 명은 행성의 지위를 유지하자고 했다. 지금 돌이켜보면, 로스 센터 내 '우주 홀'의 행성 전시물을 구상하기 위한 일종의 예행 연습처럼 시작했던 행사가 결과적으로 역사적 전환점을 만드는 계기가 되었다.

초반에 각 토론자의 서두 발표가 끝날 때마다 나는 머릿속으로 청중의 반응 정도를 측정했다. 명왕성을 행성 클럽에서 쫓아내야 할까? 박수가 별로 없었다. 명왕성의 행성 지위를 유지해야 할까? 중간 정도의 박수에다 산발적으로 요란한 야유가 섞여 있었다. 그러나 행사가 끝나 갈 즈음에는 헤이든 천체 투영관의 명왕성 전시 설계와 관련된 사람들 모두가 과거에 대한 향수를 제외하고 명왕성에게 그 어떤 종류의 지위도 존속시킬 하등의 이유가 없다는 확신이 들었다. 그리고 토론이 진행되면서 터져 나오는 청중의 웃음과 박수로 판단하건대 청중 대부분도 마찬가지로 느꼈다고 생각된다.

1999년 5월 24일 월요일 밤 명왕성은 나락으로 떨어졌다.

ㄹ

드디어 태양계 전시물을 설계할 시간이 다가왔다. 우리에게는 태양계에 여덟 개의 행성만 있다고 선언할 수 있는 권한이나 권위(혹은 이해 관계)가 없었지만, 그렇다고 해서 창의적으로 이 문제를 해결하지

말란 법은 없었다. 이에 따라 태양계의 구성에 있어서 암기하기 좋게 행성들을 순서대로 늘어놓는 대신에 비슷한 특성에 따라 무리 지어진 각각의 가족들로 나눠서 보여 주기로 했다. 이것은 당시 교과서에 이미 등장하고 있던 경향이기도 했다.

이 '가족들' 중의 한 가족은 오로지 우리 별 태양 혼자만으로 이뤄져 있는데, 태양은 태양계를 구성하는 나머지 모든 천체들의 질량을 합한 것보다 훨씬 더 큰 질량을 차지하기 때문이다. 그다음 가족은 지구형 행성으로서 수성, 금성, 지구, 화성으로 이뤄져 있다. 이 행성들은 서로의 공통점이 태양계 내 다른 어느 천체와의 공통점보다 훨씬 더 많다. 즉 크기가 작고 암석으로 이뤄져 있어서 밀도가 높고 태양 가까이에 위치해 있다. 지구형 행성들 너머에는 수십만 개의 울퉁불퉁한 바위와 금속의 덩어리들로 이뤄진 소행성대가 있다. 그런 덩어리들은 행성이 되는 과정에 전혀 참여한 적이 없거나 미행성(planetesimal, 행성계 형성의 전 단계인 원시 행성 원반을 구성한다고 생각되는, 크기 1킬로미터 정도의 고체 덩어리들. 이 정도 크기의 물체들은 직접적인 상호 중력에 의해 달 크기의 원시 행성으로 성장할 수 있다고 생각된다. ─ 옮긴이)으로까지 성장했다가 충돌로 부서져 버린 잔재들이다. 그다음으로, 이른바 목성형 행성들, 즉 거대 기체 행성들인 목성, 토성, 천왕성, 해왕성이 있다. 지구형 행성들처럼, 이들도 서로의 공통점이 태양계 내 다른 어느 천체와의 공통점보다 훨씬 더 많다. 이들은 거대하고 배불뚝이고 밀도는 낮고 고리들로 둘러싸여 있고 많은 위성들을 거느리고 있는 데다가 태

4 명왕성의 몰락

양에서 거리가 멀어질수록 크기가 작아지는 순서로 늘어서 있다. 그 너머에는 카이퍼대 혜성들이 있는데, 이들의 궤도는 대체로 같은 평면 위에 놓여 있다. 카이퍼대 너머 아주 멀리에는 궤도가 제멋대로인 혜성들의 무리가 존재하는데 이를 오오트 구름(Oort Cloud)이라고 부른다.

명왕성은 어디에 속할까? 말할 나위 없이 카이퍼대다.

행성이든 또는 그밖에 무엇이든 간에 개수를 세는 것이 무슨 의미가 있을까? 우리에게는 그런 시도가 교육적으로나 과학적으로나 하등 쓸모없이 느껴졌다. 똑같이 무가치한 시도라고 할 수 있는 '전 세계에 몇 개 국가가 있는가?'의 질문에 대답해 보라. 답은 192개국이지만 실제로는 국가를 어떻게 정의하는가에 따라 답이 달라질 수 있다.[7] 예를 들어, 팔레스타인이나 키프로스처럼 스스로를 국가로 선포했지만 국제적으로 인정받지 못하는 경우까지 포함하면 최대 245개국까지 많아질 수 있다. 그렇다면 유엔의 공식 국가 목록을 사용한다면? 꽤 좋은 아이디어 같지만 스위스는 2002년에 회원국으로 받아들여지기 전까지는 국가로 인정되지 않았다. 이 상황이 이상해 보이는 이유는 스위스의 도시 중 하나인 제네바에 다름 아닌 유엔 산하 세계 사무국 네 곳 중 한 곳이 현재 자리 잡고 있을 뿐만 아니라 국제 연맹(League of Nations, 제1차 세계 대전이 끝난 직후인 1920년에 전쟁 방지와 세계 평화를 위한 목적으로 44개국의 회원국이 모여 창설한 최초의 국제 기구로서 제2차 세계 대전 후에 유엔으로 대체되었다. ─옮긴이)의 본부가 처음 자리를 잡았기 때문이다.

한편으로는 지구의 모든 국가를 알파벳 순서로 열거한 후에 각 나라의 개별적인 특성을 일일이 확인할 수도 있을 것이다. 그렇지만 지역, 인구, 국민 소득, 기후, 평균 수명, 경작지 비율과 같은 유용한 정보가 포함된 인구 통계 자료를 사용해서 '가족' 간 닮은꼴을 가지고 국가들을 분류해 보면 어떨까? 차례로 하건, 뭉뚱그리건, 이런 구분은 국가들을 좀 더 의미 있게 비교하고 대조할 수 있게 해 준다.

로스 센터의 컬먼(Cullman) 우주 홀은 뉴욕의 자선가인 도로시 컬먼과 루이스 컬먼의 이름을 따서 지어졌는데, 네 개의 주요 구역, 즉 행성 구역, 항성(별) 구역, 은하 구역, 우주 구역으로 나뉘어 있다. 예전이었다면 행성 구역의 각 패널마다 행성 하나씩 배정해서, 첫 패널에 수성과 그 특성, 그다음 패널에 금성과 그 특성 등으로 시작해서 마지막에 명왕성과 그 특성까지 쭉 나열되었을 것이다. 총 아홉 개의 패널들. 그것으로 끝이었다.

우리는 좀 다른 시도를 했다.

우선 태양계 전체를 훑어보았을 때 행성이나 여타 다른 천체들의 어떤 물리적 특징들이 공통의 성질이나 현상으로 분류되거나 논의될 수 있는지 자문했다. 그렇게 함으로써 태양계의 각 가족들 사이에 본연의 특성을 가장 잘 드러낼 수 있는 방식으로 서로 비교하고 대조할 수 있었다. 그런 특징 중 하나가 폭풍이다. 두껍고 풍부한 대기를 가진 천체가 자전하면 폭풍이 생기게 마련이다. 또 다른 특징으

4 명왕성의 몰락

로는 고리가 있다. 자기장도 고려할 수 있다. 결국, 관행을 일절 무시하고 우리만의 방식으로 태양계 자료를 배치해서 패널에 전시했다. 명왕성은 다른 카이퍼대 천체들과 함께 전시되었지만 카이퍼대 천체의 개수가 몇 개인지 혹은 이들이 행성인지 아닌지에 대해서는 아무 언급도 하지 않았다.

명왕성에 대한 논란이 궁극적으로 어떤 결말을 맞게 되든 태양계를 가족 개념으로 취급하는 우리의 접근 방식이 교육적으로나 과학적으로 합리적이라는, 즉 명칭 문제를 아예 비켜 감으로써 본래의 목표에 오히려 더 쉽게 도달할 수 있게 해 주는 일종의 지적인 고속도로라는 확신이 있었다.

ㄹ

덧붙여 로스 센터에는 "우주 척도(Scale of Universe)"라고 이름 붙여진 122미터 길이의 보행로가 있다. 천체에 따라 몸무게가 어떻게 달라지는지 보여 주는 흔한 전시물인 우주 저울과는 전적으로 다른 '우주 척도'는 거대한 헤이든 구를 둘러싼 보행로를 따라가면서 바뀌는 다중 전망대들로 이뤄져 있다. 헤이든 구에는 내부에 있는 '우주 극장' 외에도 구의 허리에 우주 탄생의 첫 순간들을 재연한 별도의 전시관인 우주 대폭발 체험관이 설치되었다. 덧붙여 헤이든 구의 외부를 전시의 구성물로 적극 활용해서 다양한 크기의 천체들을 서로 비교할 수 있게 했다. 보행로의 난간에 부착되거나 천장에 매달린 모형들은 보행로를 따라 수미터씩 이동할 때마다 열 배씩 척도가 증가한다. 처음에 헤이든 구는 전 우주를 나타내고 난간의 모형들은 국부 초은하단(Local Supercluster of Galaxies, 2014년 이전에는 처녀자리 초은하단과 동의어였으며, 우리 은하와 안드로메다 은하 등이 소속된 국부 은하군 외에 최소 100개의 은하단과 은하군을 포함하고 있고, 크기가 약 1억 광년이다. 2014년에 처녀자리 초은하단이 5억 광년의 범위에 걸쳐 10만 개의 은하들을 포함하는 훨씬 더 큰 규모의 라니아케아(Laniakea) 초은하단의 일부라는 사실이 밝혀지면서 현재는 라니아케아 초은하단을 국부 초은하단으로 부르기도 한다. ─옮긴이)을 나타낸다. 몇 걸음 더 걷다 보면 이제 헤이든 구가 국부 초은하단의 범위를 나타내는 반면에 바로 앞의 모형은 우리 은하를 나타낸다. 좀 더 앞으로 나아가면 헤이든 구는 우리 은하를 나타내게 되고 난간의 모형은 성단(star cluster)을 나타낸다. 계속 걷다 보면 기준 척도가 감소하고 또 감소하고 계속 감소하다가 마침내 수소 원자핵 안으로 들어가게 된다.

이 보행로를 따라가다 보면 중간쯤에 헤이든 구가 태양을 나타내고 난간의 모형들이 지구형 행성들을 나타내는 지점에 이르게 되는데, 사람 주먹 크기인 수성부터 멜론 크기의 금성과 지구까지 모두 상대적으로 정확한 크기로 구현했다. 태양 부근에는 거대 기체 행성들인 목성형 행성들의 모형이 천장으로부터 매달려 있는데 난간에 부착하기에는 지나치게 크고 화려하기 때문이었다.

이 전시의 목적은 사물의 상대적인 크기 비교다. 이 완벽한 태양

ㄴ 명왕성의 몰락

그림 4.5. 로스 센터의 '우주 척도' 보행로에서 바라본 지구형 행성의 모형들. 헤이든 구(그림 4.4)
를 태양으로 가정했을 때, 정확하게 이에 대한 상대적 크기로 만들어진 지구형 행성들이 난간에
부착되어 있다. 이 척도에서 수성(왼쪽)은 야구공보다 약간 크고, 지구와 금성은 축구공, 화성(오
른쪽)은 보치공(이탈리아에서 보체(bocce) 경기에 사용되는 나무 공. 국제 기준의 표준 크기가
10.7센티미터. — 옮긴이)과 비슷한 크기다. 명왕성은 지구형 행성이 아니므로 포함되지 않았
다. (지구는 태양에 대한 크기 비교의 기준 천체이기 때문에 다른 기준 전시물과 마찬가지로 색칠
을 하지 않았다.)

그림 4.6. 로스 센터 내부의 '우주 척도' 보행로에서 바라본 전경. 이 전망 지점에서는 태양에 해당하는 헤이든 구가 천장에 매달린 거대 기체(목성형) 행성들, 즉 목성, 토성, 천왕성, 해왕성과 함께 나란히 보인다. 목성형 행성이 아닌 명왕성은 포함되지 않았다. 각 척도에서 모든 모형들은 정확한 상대적 크기로 제작되고 전시되었다.

4 명왕성의 몰락

계 전망대에서 관객은 태양의 크기를 지구형 행성 및 목성형 행성의 크기와 한눈에 비교할 수 있다. 그런데 '우주 척도'에 명왕성은 없다. 왜냐고? 여기에는 혜성도 없고 소행성도 없기 때문이다. 명왕성보다 더 큰 일곱 개의 태양계 소속 위성들도 없다. 우리의 목적은 태양계에 속하는 두 종류의 행성 가족들이 크기에 있어서 태양과 얼마나 다른지를 단순 비교하는 것이다.

만약 태양계의 형태나 구조, 구성원에 대해 알고 싶다면 우주 홀에 있는 행성 구역을 방문하면 된다. 거기에서 카이퍼대의 다른 동료들과 옹기종기 모여 있는 명왕성을 볼 수 있을 것이다.

P

새롭게 단장한 로스 지구 및 우주 센터는 2000년 2월 19일 토요일 아침에 일반에 공개되었다. 우리로서는 행성 전시물의 배치 방식에 대한 논란 가능성에 신경이 쓰였던 것이 사실이다. 하지만 국내외의 라디오, 활자 매체, 텔레비전과 진행한 수백 건의 인터뷰에서 단 한 번도 명왕성에 대한 우리의 접근 방식에 문제를 제기하는 사람은 없었다. 나 역시 일부러 긁어 부스럼 만들고 싶지는 않았다. 언론 대상의 사전 공개 기간 중에 《뉴욕 포스트》와 한두 개의 지역 신문이 '우주 척도'에 명왕성이 빠져 있음을 알아차렸지만 누구도 크게 개의치는 않았다. 이제 한 고비를 넘겼으므로 언론이 시끄럽게 굴 일은 없다고 생각했다.

하지만 이는 단지 폭풍 전의 고요였을 뿐이다.

어느 날《뉴욕 타임스》기자가 개인적으로 로스 센터를 방문해서 둘러보게 되었다. 그런데 '우주 척도' 보행로에서 한 어린아이가 자기 엄마한테, "엄마, 명왕성은 어디에 있어요?"라고 묻는 것을 우연히 듣게 되었다. 별생각 없이 자신만만하게 그 엄마는 "다시 확인해 보렴. 네가 꼼꼼히 보지 않아서 그런 거야."라고 대답했다.

아이는 다시 물을 수밖에 없었다. "엄마, 명왕성이 대체 어디에 있는데요?" 물론, 명왕성이 거기에 없으니 발견될 리가 만무했다. 한편, 옆에서 이 대화를 귀담아듣던 기자는 기삿거리를 찾아냈다고 생각했다. 신문사에 연락하자 그들은 케네스 창에게 취재를 지시했다. 젊고 열정적이고 똑똑한 과학 전문 기자인 창은 나름대로 후속 취재를 해서《뉴욕 타임스》에 기사를 보냈다.

2001년 1월 22일은 로스 센터의 개관일로부터 거의 1년이 지났을 때였고, 조지 부시가 미국의 제43대 대통령으로 취임한 지 이제 막 하루가 지났을 때였다. 그 전해의 대통령 선거에는 많은 논란이 있었다. 굳이 표현하자면, 플로리다 주의 투표 용지 쪼가리들이 아직도 공기 중에 떠돌아다니고 있다고 해야 할까. (2000년 11월에 실시된 제43대 미국 대통령 선거에서 공화당 후보인 부시는 민주당 후보였던 고어를 상대로 플로리다 주에서 537표 차이로 승리함으로써 대통령에 당선되었다. 득표차가 너무 적은 탓에 재계표를 두고 법적 공방이 한 달간 치열하게 전개되었고 부시의 승리가 선언된 뒤에도 논란

4 명왕성의 몰락

은 계속되었다. ─ 옮긴이) 따라서 《뉴욕 타임스》 1면은 미국의 신임 대통령에 관해 워싱턴을 비롯한 각 지역 시민들의 반응을 묘사하는 기사로 가득 채워질 것이 분명했다.

예상대로 그날 1면의 헤드라인은 "첫날, 새 단장한 대통령 집무실에 자리 잡은 부시는 자신의 새 주거지인 백악관을 둘러본 후에 일반 시민들을 접견하다."였다. 1면에는 이밖에도, 이라크에 있다고 알려진 세 개의 무기 공장에 대한 미국 정보국의 첩보 내용, 교황이 새로 임명한 추기경들의 명단, 연례 행사인 여름철 전력 부족 사태를 피하기 위해 캘리포니아가 총력을 기울이는 발전소 건설과 같은 중요한 기사들이 열거되어 있었다.

그런데 바로 거기에 그 기사가 있었다. 1면에, 로스 센터에 대한 케네스 창의 기사가, 55-활자 크기로, 이후 몇 년에 걸쳐 두고두고 나를 괴롭히게 될 제목과 함께 실려 있었다.

명왕성은 행성이 아니다? 오로지 뉴욕에서만.

기사는 네 단에 걸쳐 이어졌고 B 섹션에서는 사진과 도표까지 추가되었다.

기사의 서두는 애틀랜타에서 온 방문객 패멀라 커티스가 제보한 불만으로 시작된다. 패멀라는 명왕성이 행성 전시물에서 빠져 있다는 사실을 강조하기 위해 옛 기억을 되살려 그 유서 깊은 행성 암

기법, "My Very Educated Mother······"를 큰소리로 암송하기까지
했다. 이어서 케네스 창은 명왕성에 대한 우리의 접근 방식이 왠지
뒤통수라도 친 듯 수상쩍다고 묘사함으로써 정곡을 찔렀다.[8]

　　은밀하게, 그리고 주요 과학 기관으로서는 아마도 유일하게, 미국 자
　　연사 박물관은 작년 2월에 로스 센터를 개관하면서 명왕성을 행성의
　　명예의 전당에서 퇴출시켰다. 센터 어디에도 명왕성은 행성으로 표시
　　되어 있지 않지만 그렇다고 전시물 어디에도 '명왕성은 행성이 아니
　　다.'라고 선언하고 있지도 않다. ······ 하지만 이런 방식은 좀 놀랍다. 왜
　　냐하면 이 박물관은 해왕성 너머 카이퍼대라는 영역에서 궤도를 도는
　　300개 이상의 얼음 천체 중 하나로 명왕성의 지위를 일방적으로 강등
　　시켜 버린 듯 보이기 때문이다.

다음으로는 전문가 의견이 인용되었다. MIT의 행성 과학자 빈젤(그
림 3.10)에 따르면, "명왕성의 강등 문제에 있어서 박물관 측이 천문학
계 주류보다 너무 앞서 나갔다." 그리고 박물관 개관 전 명왕성 토론
회에 참석했던 스턴은 "이는 소수 의견인 데다가 ······ 터무니없기까
지 하다. 천문학계는 이 문제에 대해 이미 결론을 내렸으므로 더 이
상 쟁점이 될 게 없다."라고 했다.
　　하지만 이 기사를 뒤 페이지까지 읽으면 천문학자들이 몇 년 전
부터 명왕성의 재분류를 고심해 왔다는 사실을 알게 된다.

권위 있는 천문학자 단체인 국제 천문 연맹은 아직 명왕성을 태양계 내 아홉 행성 중 하나로 인정하고 있다. 1999년에 명왕성을 행성이면서 동시에 카이퍼대 천체로 등재하자는 제안조차도 추가적인 '소행성' 명칭이 행여 명왕성의 위상을 위축시키게 될까 봐 염려하는 사람들의 격렬한 반대에 부딪쳤다. …… 하지만 명왕성을 수호하려는 일부 천문학자들조차도 만약 명왕성이 오늘날 발견되었더라면 행성 지위가 주어지지 않았으리라고 인정한다. 왜냐하면 지름이 겨우 2,250킬로미터밖에 되지 않을 정도로 너무 작고 다른 행성들과 너무 많이 다르기 때문이다. …… 행성으로서 명왕성은 항상 유별났다. 구성 성분은 혜성과 비슷하고, 궤도는 타원인 데다가 다른 행성 궤도에 비해 17도나 기울어져 있다. …… 그러나 명왕성을 행성으로 계속 부를 수밖에 없었던 것은 다르게 부를 이름이 딱히 없었기 때문이다. 그러다가 1992년에 카이퍼대 천체가 최초로 발견되었다. 이후 해왕성 너머에서 수백 개의 암석과 얼음의 덩어리들이 추가로 발견되었고 그중에는 명왕성 궤도와 비슷한 궤도 영역을 공유하는 약 일흔 개의, 이른바 플루티노(Plutino, 태양계 외곽에 있는 해왕성 바깥 천체들로서 명왕성처럼 해왕성과 2 대 3 공명 관계에 있다. 즉 플루티노가 태양 주위를 두 번 공전하는 동안 해왕성은 세 번 공전한다.—옮긴이)도 포함되어 있다.

이를 지지하는 자료로 "행성인가, 행성이 아닌가?"라는 제목이 붙은 도표가 주어졌다. 이 도표의 한쪽에는 지구와 수성 같은 행성들이 있고 다른 한쪽에는 행성이 아닌 세레스와 2000 EB173(남아메리카 신화에 등장하는 비의 신 '우야(Huya)'의 이름을 따서 38628 우야라고도 하며, 크기가 약 400킬로미터인 플루티노로 2000년에 발견되었다. ─ 옮긴이)가 있는데, 그 사이 중간 지점에 명왕성이 놓여 있다. 아울러 "명왕성은 소행성보다는 크고 대기를 보유한다." 그러나 "명왕성의 궤도는 유별나며 내부는 주로 얼음으로 이뤄져 있다."라는 설명이 첨부되었다.

케네스 창은 기사의 여러 곳에서 명왕성에 대한 우리의 접근 방식을 변호하는 내 의견을 인용했다. 마지막 단락에는, 내 에세이 「명왕성의 영예」를 마무리하는 발언인, 명왕성은 가장 보잘것없는 행성이기보다는 카이퍼대의 제왕으로서 분명히 더 행복할 것이라는 견해를 재차 언급했다. 그 뒤를 이어 덴버 자연 및 과학 박물관 소속 과학자의 의견이 인용되었는데, 당시 덴버 박물관은 우주 과학 센터를 새로 짓고 있었지만, 명왕성을 여전히 아홉 행성 중 하나로 전시할 예정이었다.

"우리는 명왕성과 함께할 것입니다."라고 덴버 박물관의 우주 과학부 학예사 로라 댄리 박사는 말했다. "명왕성이 행성으로 있는 게 좋으니까요." 그러면서 덧붙이기를, "이건 옳거나 틀리거나 하는 문제가 아니라고 생각해요. 농담처럼 들릴지 모르지만, 행성인지 아닌지를 결정하는 것은 현재로서는 마치 움직이는 과녁에 조준하는 것과 같아요."

4 명왕성의 몰락

모든 사람이 신문 기사를 끝까지 다 읽지는 않는다. 명왕성의 분류가 마치 움직이는 과녁과 같다는 로라 댄리의 솔직한 의견은 맨 마지막 단락에서야 인용되었다. 나중에 로라는 콜로라도 주를 떠나 우리 박물관의 천체 물리 교육부장으로 자리를 옮겼고, 차후에 다시 자리를 옮겨 로스앤젤레스에 있는 새로 단장한 그리피스 천문대 및 천체 투영관의 교육부 학예사가 되었다.

결국 운명을 가른 것은 《뉴욕 타임스》 기사의 제목을 지은 이였다. "명왕성은 행성이 아니다? 오로지 뉴욕에서만"이라는 제목이, 좀 더 정확한 (실제로 작성되지는 않은) 제목인, "명왕성은 행성이 아니다? 이에 동의하는 전문가들이 점점 많아지고 있다."를 제치고 발탁되었다.

그리고 2001년 1월 22일의 대략 오전 7시를 기점으로 내 전화통에 불이 나기 시작했다. 내 음성 사서함도 꽉 차 버렸다. (그 전날까지만 해도 나는 우리 사무실 전화의 음성 사서함 용량이 어느 정도인지 전혀 알지 못했다.) 내 이메일 수신함도 넘쳐났다. 그리고 평화로웠던 내 인생도 종지부를 찍었다.

ρ

만약 당신의 고용주가 어느 날 갑자기 전화를 걸어와 "당신, 대체 무슨 짓을 한 거요?"라고 묻는다면 등골에 식은땀이 흐를 수밖에 없다.

내 경우에 전화를 건 사람은 명망 있는 고생물학자이자 박물관의 기획 운영단장인 노버첵이었다. 당시 나는 박물관에 입사한 지 얼마 안 된 신참으로 2억 3000만 달러의 박물관 예산이 투입된 과학 전시물의 책임을 졸지에 맡게 된 애송이 야망꾼 정도로 보였을 것이다.

　　물론 연구 기관이면서 동시에 일반 대중을 상대로 전시관을 운영하는 박물관의 입장에서는 세간의 평판에 신경을 쓰는 것은 당연하다. 그런 판에 과학적 이슈로 인해 신문 1면의 헤드라인까지 장식하면서 박물관의 이름에 먹칠을 했으니 상관들이 가만있을 리가 없었다. 노버첵은 아마도 내가 순전히 개인적 관점을 박물관의 공식 입장으로 밀어붙였다는 의심이 들었는지, 혹시 명왕성을 내 맘대로 강등시켰거나, 아니면 막후에서 결정 과정에 압력을 행사한 게 아닌지 물었다. 물론 나는 과학 자문 위원회 내부와 외부 위원들 모두가 그 사안을 검토했고 합의한 바에 따라 전시 방식이 결정되었다고 답했다.

　　그럼에도 그는 천문학계의 어느 거두에게 서둘러 자문을 구했다. 그가 전화한 상대는 200편이 넘는 천체 물리학 논문의 저자이자 미국 국가 과학 훈장 수상자이며 프린스턴 대학교의 학장이자 그 유명한 천체 물리학과의 학과장을 역임했고(당시 나는 거기에서 시간 강사를 했다.) 최근에 우리 박물관 이사로 선임된 제러마이아 폴 오스트라이커였다. 오스트라이커는 노버첵에게 어떻게 조언했을까? "닐이 뭘 하든, 나는 그를 믿는다오."

　　몇 년이 흐른 뒤에 다른 이야기를 하다가 우연히 오스트라이커

　　　　　　　　　　　　　　　4 명왕성의 몰락

가 당시의 에피소드를 말해 주면서 나는 이 대화의 내용에 대해 알게 되었다. 오스트라이커는 언론 반응을 루가 토론회에서 그러했듯이 철저히 무시했다. 그런 요란법석은 진정한 과학적 질문들, 즉 태양계가 어떻게 구성되어 있는지, 그리고 어떻게 현재의 모습으로 진화해 왔는지 등과 전혀 상관이 없기 때문이다. 사물을 어떤 이름으로 부를 건가의 문제는 우주의 근원적인 이슈가 아니라 우리 스스로가 만들어 낸 허상에 대한 논쟁일 뿐이다. 지구에서 우리끼리 아무리 핏대를 올린들, 명왕성이나 우주는 우리가 그들을 어떻게 분류하건 상관없이 본연의 임무를 충실히 수행할 뿐이다.

한편, 케네스 창의 기사가 《뉴욕 타임스》에 실린 지 불과 몇 주 후에 같은 신문에 후속 기사가 실리게 되었는데, 이는 애리조나 대학교 산하 스튜어드 천문대 소속 행성 과학자이자 당시 미국 천문 학회의 행성 과학 분과 위원장이던 마크 사이크스가 주도한 결과였다. 로스 센터에서 벌어지고 있는 사태를 잘 알고 있던 그는 행성 과학 분과의 집행 위원회가 명왕성과 관련한 우리의 전시 방식을 비판하는 공개 성명서를 발표할지도 모른다고 내게 이메일로 미리 경고했다. 또한 자신이 출장차 뉴욕에 들를 때 나와 이 사안을 토의할 예정이라고 《뉴욕 타임스》에 통보하면서 그 자리에 《뉴욕 타임스》 기자가 배석해서 우리 대화를 청취하면 어떻겠는가 하고 제안했다. 물론 그들은 기꺼이 그 제안을 받아들였다.

사이크스가 왔을 때, 케네스 창 역시 《뉴욕 타임스》 사진 기자를 대동하고 증인이자 배심원 역할을 수행하기 위해 왔다. 우리는 내 사무실의 놋쇠 탁자에 둘러앉아 담소를 나누었는데, 이 탁자는 옛 헤이든 천체 투영관의 과학사 전시 품목 중에 있던 1.2미터 크기의 원형 부조를 재활용한 것으로서 이제는 역사 속으로 사라진 지구 중심설 이론을 묘사하기 위해 지구를 중심으로 회전하는 행성 주전원(epicycle, 지구 중심설에서 달, 태양, 행성들의 겉보기 속도, 운동 방향(특히 행성들의 역행 운동), 거리의 변화를 설명하기 위해 도입된 기하학적 모형으로서, 균륜(均輪, deferent)이라고 하는 큰 원의 둘레를 회전하는 작은 원을 일컫는다. ─ 옮긴이)들이 조각되어 있었다. 행여 한마디라도 놓칠세라 창은 우리 대화 전체를 녹음했다.

관련 기사는 「얼음 천체 명왕성, 행성 대열에서의 낙오에 관한 토론(Icy Pluto's Fall From the Planetary Ranks: A Conversation)」이라는 제목으로 실렸고 명왕성 탐사 계획의 전망에 대한 짤막한 기사도 첨부되었다. 아울러 천장에 매달린 거대 기체 행성 모형들을 배경으로 웅장한 헤이든 구 옆에서 사이크스가 나를 저지하려는 시늉을 하는 사진도 포함되었다. 사진 설명에 따르면 "왼쪽에 있는 마크 사이크스 박사는 닐 디그래스 타이슨 박사에게 헤이든 천체 투영관의 행성 전시물 중 명왕성의 배치 방식에 대해 해명하라고 덤비고 있다."

기사에 실린 대화 내용은 원본 그대로 옮겨 적은 것 같다. 아래 발췌된 부분에서 보듯이 이 사안에 대한 사이크스의 입장은 단호하고 분명했다.[9]

4 명왕성의 몰락

그림 4.7. 사이크스(왼쪽)와 필자가 로스 센터의 '우주 척도' 보행로에서 장난스럽게 싸우고 있다. 이 사진은 우리 토론의 녹취록과 함께 《뉴욕 타임스》에 실렸다. 행성 과학자이자 당시 미국 천문학회의 행성 과학 분과 위원장이던 사이크스는 그의 분과에서 우리의 명왕성 전시 방식을 비판하는 공개 성명서를 발표하겠다고 위협했다. 나는 그를 내 어깨 너머로 들어 올려 아래층의 '우주 홀'로 던져 버리겠다고 응수했다.

사이크스: 이 사안에 대해서는 이미 합의된 견해가 존재합니다. 만장일치는 아닐지라도 아무튼 합의된 결로 생각해요. 그리고 이 합의에 따르면, 명왕성을 카이퍼대 천체로 불러도 상관은 없지만 명왕성으로부터 행성의 지위를 박탈해서는 안 됩니다. 우리는 가족이니 사촌 관계니 혹은 무슨 떼거리의 일부가 아니라 행성 그 자체에 대해 이야기하고 있는 겁니다.

사람들은 천문학 전시를 보러 올 때 전시된 내용이 천문학자들의 관점일 것으로 기대합니다. 그러나 여기 전시된 내용은 천문학자들의 관점이 아닙니다.

타이슨: 이렇게 보는 천문학자들도 있지요. ……

사이크스: 지금 당장 내 머리에 떠올릴 수 있는 그런 천문학자들은 …… 명왕성이 만약 오늘 발견되었고 위성과 대기를 가진 것으로 판명되었다면 그저 소행성이 아니라 행성으로 지정되었을 것이라고 생각합니다. …… 명왕성에는 질소 얼음의 극관이 있습니다. 계절도 있어요. 위성과 대기도 있습니다. 우리가 아는 한, 명왕성은 다른 어떤 카이퍼대 천체들과는 판이한 여러 특성을 보유합니다. 그런데도 그저 무심하게, 그런 사실들을 전혀 말해 주지 않은 채 명왕성을 그저 이 얼음 천체들과 한데 뭉뚱그리겠다는 것은 교육적 관점에서 무책임하다고 봅니다. …… 만약 명왕성이 10배 더 컸더라면, 어떻게 분류하시겠습니까?

타이슨: 여전히 얼음으로 이루어졌다면, 다른 얼음 천체들과 같이 취

급해야 한다고 생각합니다.

사이크스: 명왕성은 행성으로 간주됩니다. 따라서 얼음 행성 명왕성으로 부르면 어떻겠습니까?

타이슨: 단독으로요?

사이크스: 단독으로 부류를 만들어도 됩니다. 안 될 것 있나요?

나중에야 알게 된 사실이지만, 사이크스는 애리조나 대학교에서 행성 과학 박사 학위 외에도 법학 학위를 같이 취득해서 애리조나 주 변호사 협회 회원이었다. 짐작건대, 그런 배경이 그의 싸움닭 같은 성향을 어느 정도 설명해 준다고 생각한다.

언론은 가차없었다. 이 문제와 관련해 언론의 온갖 기사, 해설, 분석이 난무하면서 사태가 걷잡을 수 없이 커졌고 로스 센터는 대중적 지지와 비난의 중간에 끼어 동네북이 되었다. 2001년 5월에 도착한 한 우편물에는 매사추세츠 주 킹스턴에 있는 실버 레이크 리저널 (Silver Lake Regional) 중학교의 제임스 딕슨 교사의 지도를 받는 3학년 지구 과학 우등반 학생들이 작성한 총 100쪽에 달하는 에세이가 들어 있었다. 명왕성에 관한 내 글들을 포함해서 언론 보도 및 다른 자료를 참고해서 학생마다 각자의 논지를 피력했다. 결과는 명왕성 지지자와 반대자가 정확히 반반으로 나뉘었는데, 관련 논란이 이제 막 시작되었다는 점을 감안할 때 상당히 의외였다. 아무튼, 이를테면 레몬으로 레모네이드를 만들어 내듯이, 과학적 논란을 교육의 기회로 활용한 교육적 귀감의 사례라고 할 만했다. 나로서는 명왕성의 지위에 대한 주제 토론이 포함된 교과 과정을 고안한 딕슨 교사와 그밖의 다른 교사들의 노고에 찬사를 보내지 않을 수 없다.

사실 딕슨 교사와 나의 교신이 이번이 처음은 아니었다. 2년 전, 로스 센터가 일반에게 공개되기 전,《자연사》에 실린 내 에세이 「명왕성의 영예」를 읽고 그의 학생들이 첫 편지 다발을 보내온 적이 있었다. 당시에는 이런 명왕성 펜팔이 생기리라고는 전혀 예상하지 못했다.

얼마 지나지 않아 이 사태를 둘러싼 희극적 요소들이 감지되기 시작했다. 2001년 2월 16일, 「채소 이야기 아동용 동영상 시리즈 (Veggie Tales Children's Videos)」(기독교 신앙에 근거한 도덕적 주제들에 대해 의인화된 채소들을 활용해 배우게 하는 아동용 만화 영화 연작. ─옮긴이)의 작가인 에릭 메타색스가 기고한 《뉴욕 타임스》의 특집 기사에는 앞으로 예상되는 온갖 기절초풍할 헤드라인들의 목록이 소개되었다. 단, 우리의 명왕성 처리 방식이 새로운 문화 풍조를 싹트게 했다는 가정하에서 말이다.[10]

북회귀선과 남회귀선 폐지 예정!

토마토가 명명백백하게 채소로 선언되다!

오대호가 최초의 민물 대양이 되다!

베이지색과 담자색이 색깔로서의 지위를 상실하다!

1960년대는 1963년에 시작되다!

텍사스 주가 스스로를 아(亞)대륙으로 선언하다!

유럽 지도에서 리히텐슈타인이 빠지다!

미터와 야드가 악수하다!

별표가 제럴드 포드 대통령 임기로부터 떼어지다!

탭(Tab)과 지마(Zima)가 음료수의 지위를 상실하다!

이 헤드라인 대부분에 누가 감히 딴지를 걸랴. (마지막 두 헤드라인에 대해서는 설명이 좀 필요할 것 같다. 제럴드 포드는 1974년 리처드 닉슨의 사퇴로 부통령에서 제38대 미국 대통령이 되었다. 따라서 그의 대통령 임기를 언급할 때마다, 그러한 사실을 각주에 부연 설명하기 위한 별표가 항상 따라붙는다는 뜻이다. 마지막 헤드라인의 탭은 1963년에 출시된 최초의 무설탕 다이어트 콜라이고, 지마는 1993년에 출시된 과일 향미의 투명한 알코올 음료를 말한다. 미국에서 큰 인기를 끌었다. ― 옮긴이)

Ꝓ

그다음 몇 해에 걸쳐 주잇과 루 그리고 많은 다른 천문학자들이 예상했던 대로 카이퍼대 천체들이 점점 더 많이 발견되었다. 대부분은 얼음 천체들이었고 타원 궤도를 따라 운동했다. 궤도 특성에서 명왕성과 가장 비슷한 천체들은 플루티노로 부르게 되었다. 이 천체 중 몇몇은 질량, 크기, 특성에 있어서 명왕성에 필적하지는 않을지라도 명왕성의 위성 카론과는 맞먹을 만했다. 행성 과학자들에게 해왕성 너머의 우주 공간은 갈수록 북적대는 곳이 되어 갔고, 호기심을 점점 더 자아내는 곳이 되었다.

발견된 천체들의 지름을 살펴보자. 2000년 11월에 투손에 있는 애리조나 대학교의 구경 0.9미터 스페이스워치(Spacewatch) 망원경을 사용해서 로버트 맥밀런은 공식적으로 20000 배러나(20000 Varuna)로 명명된 천체를 발견했는데 지름이 거의 900킬로미터로 추산된다.[11] 2001년 5월에 제임스 루들로 엘리엇과 로런스 워서먼이 칠레의 체로 토롤로(Cerro Tololo)에 있는 구경 4미터 블랑코(Blanco) 망원경으로 얻은 디지털 영상에서, NASA가 지원하는 '심황도 개관 관측(Deep Ecliptic Survey)' 프로젝트를 수행하는 일단의 천문학자들이 배러나와 비슷한 크기의 28978 익사이언(28978 Ixion)을 발견했다. 그리고 2002년 6월에 캘리포니아 공과 대학의 천문학자들인 채드 트루히요와 마이클 브라운이 캘리포니아 주 남부에 있는 팔로마 천문대의 구경 1.2미터 오스킨(Oschin) 망원경을 사용해 50000 콰오아(50000 Quaoar)를 발견했다.[12] 지름이 거의 1,300킬로미터로 명왕성의 거의 절반 크기인 콰오아는 1930년 톰보가 명왕성을 발견한 이래로 카이퍼대에서 발견된 천체 중에서 가장 컸다. 2002년 10월 7일 미국 천문학회가 주최한 학술 회의에서 콰오아의 발견이 공표되자 뉴스거리를 찾던 《뉴욕 타임스》의 레이더망에 포착되었다. 그로부터 8일 후에 《뉴욕 타임스》는 「궁지에 몰린 명왕성(Pluto's Plight)」이라는 제목으로 사설을 실었다.[13]

명왕성의 앞날이 그 어느 때보다 더 암담해 보인다. 그렇지 않아도 초등학교에서 배운 아홉 개 행성 중에서 가장 천덕꾸러기 신세였는데. …… 명왕성 팬들은 인정하고 싶지 않겠지만, 이 아홉 번째 행성이 행성의 지위를 부여받았던 것은 그럴 만한 자격을 갖추어서가 아니라 천문학자들이 해왕성 너머에서 행성이 발견될 것으로 확신했기 때문이다. …… 작년에 헤이든 천체 투영관은 행성 목록에서 명왕성을 제외함으로써 상당한 소동을 불러일으켰다.

그리고 명왕성에 가해진 가장 최근의 타격으로서 명왕성의 절반 크기의 또 다른 얼음 천체의 발견 소식이 지난 주에 발표되었는데, 이 천체는 원 궤도를 돌고 있기 때문에 실질적으로 명왕성보다 오히려 더 행성처럼 보인다고 한다. 새로 발견된 콰오아는 카이퍼대라고 부르는 영역에 자리한 수많은 소천체 중 하나다. …… 천문학자들이 예측하는 바로는 카이퍼대에서 명왕성만큼 크거나 그 이상의 크기를 가진 이와 비슷한 천체들이 최대 열 개까지 발견될 수 있다고 한다. 따라서 초등학교 교과서에 행성 열 개를 추가할 생각이 없다면 명왕성을 태양계 변두리의 얼음 천체라는 본래의 자리로 되돌려 보내는 것이 우리로서는 현명한 선택일 것이다.

내가 혹시 잘못 본 건가? 바로 이 신문이 명왕성이 직면한 온갖 난관을 마치 헤이든 천체 투영관 탓인 것처럼 1면 헤드라인으로 비난했던 그 신문과 동일한 신문인가? 그리고 헤이든 천체 투영관이 "상당한 소동"을 불러일으켰다는 게 대체 무슨 소리인가? 우리 쪽에서 무슨 언론 보도문을 발표한 것도 아니고, 1년이나 지난 해묵은 소식으로 뒷북을 친 쪽이 바로 《뉴욕 타임스》 아니었던가? 그들이 어쩌다 눈길을 주기 전까지 1년 동안 우리는 그저 조용히 우리 할 일만 했다. 더구나, "명왕성을 …… 본래의 자리로 되돌려 보내는 것이 우리로서는 현명한 선택일 것이다"라니? 누가 '우리'란 말인가?

그 직전 1년 동안 줄곧 《뉴욕 타임스》는 "명왕성은 행성이다."라고 주장하는 사람들의 편에 서 있었다. 그런데 그들이 이제는 (비록 암묵적이지만) 우리의 접근 방식에 동의하기로 했다면, 그리고 헤이든 천체 투영관에서 명왕성 토론회가 열렸던 그날 밤 우리가 깨달았던 바를 그들도 마침내 깨닫게 되었다면, 물론 기꺼이 우리 편으로의 합류를 환영한다.

그리고 1년이 지난 2003년 11월, 지금은 90377 세드나(90377 Sedna)로 명명된 대략 1,500킬로미터의 지름을 가진, 즉 명왕성의 약 4분의 3 크기인 불그스레한 천체가 카이퍼대 천체들의 전문 사냥꾼이라고 할 수 있는 브라운, 트루히요, 데이비드 래비노위츠에 의해 또다시 오스킨 망원경을 통해 발견되었다. 이 천체는 태양계에서 현재까지 발견된 천체 중 가장 멀리 있는 것으로 확인되었는데, 이제 행성 과학자들은 궁극의 목표, 즉 명왕성보다 큰 천체를 발견하기 위해 총력을 기울이고 있다.

그런데 사실 그 전 달에 이미 그런 천체가 발견되었다. 2003년

10월 21일에 브라운, 트루히요, 래비노위츠가 사진 촬영에는 성공했지만 나중에서야 태양 주위를 도는 아홉 번째로 큰 천체임이 밝혀진 136199 에리스(136199 Eris)는 지름이 2,400킬로미터와 3,000킬로미터 사이에 있으면서(명왕성의 지름은 2,300킬로미터다.) 질량은 명왕성보다 27퍼센트 크다. 브라운의 연구진은 이 발견을 2005년 7월 29일 (크기가 작아서 행성 클럽을 뒤흔들 가능성도 낮은) 다른 천체들 두 개의 발견과 함께 공표했다. (2010년에 측정된 에리스의 지름은 2,326킬로미터로서 2015년 뉴 호라이즌스 탐사선에 의해 측정된 명왕성의 지름 2,372킬로미터보다 약간 작은 것으로 판명되었다. — 옮긴이)

만약 에리스를 브라운이 주장하는 것처럼 IAU 규정에 따른 행성으로 계속 분류한다면, 브라운은 톰보에 이어 행성을 발견한 두 번째 미국인이 된다. 그런데 그 반대도 가능하다. 만약 에리스를 행성이 아닌 다른 천체, 예를 들어 왜소 행성으로 분류하면 에리스보다 작은 명왕성도 운명을 같이할 수밖에 없다. 결국 에리스의 발견으로 말미암아 치열한 공방전이 불가피해졌다.

에리스가 2006년 9월 IAU에 의해 공식적으로 명명되기까지 브라운은 에리스를 비공식적으로 지나(Xena)라는 이름으로 부르고 있었는데, 중세를 배경으로 주로 서로 치고받는 줄거리의 케이블 방송 드라마에서 지나는 가죽옷을 입고 칼을 휘두르는 풍만한 몸매의 여전사 캐릭터로 등장한다. (나로서는) 유감스럽게도 텔레비전 드라마에서 유래한 신화는 천체 이름의 공급원으로 인정받지 못한다.

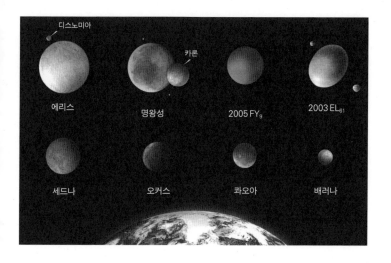

그림 4.8. 명왕성을 포함한 해왕성 바깥 천체 여덟 개가 상대적 크기로 그려져 있다. 해왕성 너머에서 태양을 도는 천체들의 개수가 늘어나면서, 명왕성에 필적할 크기를 가진 천체를 발견할 가능성도 높아진다. 이미 에리스는 명왕성보다 커 보인다. 분명히 앞으로 더 많은 천체들이 발견될 것이다. 천체의 크기를 가늠하는 기준으로서 지구의 일부분이 하단 가장자리에 포함되어 있다.

IAU는 그 대신에 텔레비전이 발명되기 이전 시대의 신화들을 참조한다. 이 사실을 잘 알고 있는 브라운은 그리스 신화에서 불화와 분쟁의 여신인 에리스를 그 이름으로 제안했다. 궤도 운동을 근거로 에리스의 정확한 질량을 추산할 수 있게 해서 명왕성의 코를 납작하게 만드는 데 기여한 에리스의 위성에게는 에리스 여신의 딸이자 통제 불능의 악의 여신인 디스노미아(Dysnomia)의 이름을 제안했다. 잘 알다시피, 고대 신들의 사회 생활은 복잡다단했다. 에리스의 소일거리 중 하나는 인간에게 질투와 시샘을 불러일으켜 서로 싸우게 만드는 것이었다. 그런데 펠레우스(Peleus)와 테티스(Thetis)의 결혼식에 모든 신이 초대되었지만 에리스는 제외되었다. 자신을 따돌린 데 분노한 에리스는 복수심에 불타서, 여신들 간에 싸움을 부추겼다. 그 여신들의 싸움이 결국 트로이 전쟁을 일으켰다.

아마도 브라운은 고대 그리스 신화를 열심히 공부했던 것 같다. 덕분에 명왕성 문제를 둘러싸고 에리스가 끼치게 될 불온한 영향력을 그 이름에 적절하게 반영함으로써 그 역시 자기 나름의 싸움에 돌입하게 되었다.

5
미국을 분열시킨 명왕성

공공의 적으로 산다는 것은 쉽지 않다. 문제가 된 2001년 1월 22일자 《뉴욕 타임스》기사가 나간 후에 내가 받은 거의 모든 편지와 이메일은 부정적인 반응 일색이었다. 어린 학생이건 어른이건 똑같이 나를 무신경하고 무자비한 명왕성 혐오자로 낙인찍었다. 심지어 어떤 사람들은 《뉴욕 타임스》기사가 로스 센터 개관일로부터 1년이나 지난 뒤에 나왔다는 사실은 무시한 채 박물관이 관객을 더 많이 끌어들이기 위한 홍보 전략으로 장난질을 친다고 비난했다. 거의 모든 문의에 나는 개인적으로 일일이 답변했다. 대부분의 편지는 매정하고 싹수없기로 정평이 난 뉴욕 시민인 우리가 작고 힘없는 명왕성을 태양계에서 쫓아냈을 뿐만 아니라, 초등학교 시절부터 쭉 우리 모두가 친숙하게 여겨 온 화목한 아홉 행성 가족을 심지어 내가 개인적으로 와해시키려 한다고까지 믿고 있었다.

물론, 우리가 명왕성에 한 행동은 그 정도로 과격하지는 않았으므로, 나는 질문 공세에 대한 일종의 '담화문'을 발표함으로써《뉴욕 타임스》의 「명왕성은 행성이 아니다? 오로지 뉴욕에서만」이라는 헤드라인 기사가 불러일으킨 잘못된 오해를 바로잡고 우리 입장을 분명히 밝히려고 했다. 1,000단어로 된 발표문에는 로스 센터 전시의 설명문을 글자 그대로 인용한 내용도 포함되어 있다. (전문은 부록 E 참조) 예를 들어, 센터 내 '우주 홀'의 행성 구역에서는 "행성이란 무엇인가?"라는 질문을 던지고 아래와 같이 답해 준다.

우리 태양계에서 행성들은 태양 주위를 도는 주요 천체다. 다른 행성계에 대해서는 이 정도로 상세한 관측을 할 수 없기 때문에 행성의 보편적인 정의는 아직 확립되지 않았다. 일반적으로 행성은 자체 중력으로 인해 모양이 둥글어질 정도로 질량이 충분히 크지만 중심핵에서 핵융합이 일어날 정도까지 질량이 크지는 않다.

이 설명은 논란의 여지가 전혀 없다. 그 뒤를 이어 "우리 행성계"에 대한 설명이 주어진다.

다섯 종류의 천체들이 우리 태양 주위를 돌고 있다. 지구형 내행성들은 소행성대를 사이에 두고 거대 기체 외행성들과 분리되어 있다. 외행성들 너머에는 카이퍼대가 있는데, 명왕성을 포함하는 작은 얼음 천체들로 이뤄진 원반의 형태를 갖는다. 그보다 훨씬 더 멀리, 명왕성보다 수천 배나 멀리 떨어진 거리에 혜성들로 이뤄진 오오트 구름이 있다.

또 하나의 전혀 해로울 게 없는 설명. 그러나 박물관을 향해 빗발치 듯 쏟아지는 (부정적) 여론의 태풍을 진정시켜야만 했다. 따라서 로스 센터의 전반적 배치를 간략히 설명한 후에 '우주 척도' 전시에서 '논 란이 되는' 부분에 대해서는 좀 더 상세히 기술함으로써 그 의도에 대해서도 명확하게 밝혔다.

('우주 척도'의 길을 따라가는) 여행의 중간 쯤에 이르면 헤이든 구가 태양 을 상징하는 크기 척도에 다다르게 된다. 거기에서 천장에 매달린(전 시물 중에서 가장 많이 사진 찍히는) 목성형 행성들과 더불어 난간에 부착된 네 개의 작은 구들을 볼 수 있다. 이 구들은 지구형 행성들이다. 태양계 의 다른 구성원들은 여기에 포함되어 있지 않다. 이 전시의 핵심 사항 은 크기의 비교이며 그 밖에 특기할 만한 사항은 없다.

그런 다음, 문제가 되는 사안에 정면으로 대처했다.

그러나 명왕성이 여기 없기 때문에 (이 전시에서는 오로지 목성형 행성과 지 구형 행성만을 다룬다는 점을 명확히 밝혔음에도) 방문객의 약 10퍼센트는 명 왕성이 어디에 있는지 궁금해한다.

10퍼센트나 되는 일반 대중이 납득하지 못한다는 것은 교육자로서 그냥 지나칠 수 없는 상황이다. 따라서 발표문에 아래와 같은 조치를 취하겠다고 공지했다.

정당한 교육적 견지에서 우리는 크기 척도 전시에서 문제가 되는 바로 그 지점에 '명왕성은 어디에 있을까?'라고 묻는 표지판을 세워서 명왕성이 왜 전시 모형에 포함되지 않았는지 방문객들 스스로가 생각할 수 있는 기회를 제공하기로 했다.

그리고 곧바로 "명왕성은 어디에 있지?"라는 표지판을 제작해서 '우주 척도' 보행로의 수성, 금성, 지구, 화성의 모형들이 난간에 달려 있는 지점에서 가까우면서도 잘 보이는 위치에 설치했다. 이로써 방문객들이 더 이상 명왕성의 행방을 묻지 않게 되었지만 이 정도 조치로는 맹렬한 비난의 후폭풍을 피해 갈 수 없었다.

ꔮ

앞의 내용을 2001년 2월 2일에 발표하면서 특히 우리가 표적으로 삼은 대상은 영국에 기반을 두고 리버풀 존 무어스 대학교의 사회 인류학자 베니 페이서가 운영자 역할을 하는 높은 인지도의 인터넷 채팅 그룹 '케임브리지 컨퍼런스 네트워크(Cambridge Conference Network,

CCNet)'였다. 이 그룹의 주요 관심사는 소행성과 혜성 그리고 그런 천체들이 지구 생명체에 가할 수 있는 위험 가능성과 관련한 공개 토론이었지만 시의성 있는 다른 주제도 자주 다루었다.

2001년 1월 29일, 페이서는 그보다 일주일 앞서 《뉴욕 타임스》에 실렸던 첫 번째 명왕성 기사로부터 파생된 《어소시에이티드 프레스(*Associated Press*)》(AP)와 《보스턴 글로브》의 기사들을 게시판에 올렸다.[1] AP의 기사에는 내가 했던 말이 인용되어 있었다.

행성의 개수를 세는 것은 과학적으로 아무 의미가 없다. 여덟 개든 아홉 개든, 개수는 중요치 않다.

그 뒤를 이어 (앞서 4장에서 명왕성의 지위에 대한 1999년 토론회에 참석했던) 아마추어 천문가 레비의 말이 인용되었다. 레비는 가시 돋친 말로 일격을 가했다.

타이슨은 명왕성에 관한 한 너무 엉터리다. 그는 마치 다른 우주에 살고 있는 것 같다.

어떤 천문학자가 당신더러 "다른 우주"에 살고 있다고 힐난한다면 뭔가 다른 의미가 내포되어 있음에 유념하라.

여하튼 채팅 그룹 참가자들 사이에 즉각적인 갑론을박이 뒤따

5 미국을 분열시킨 명왕성

랐다. (앞서 명왕성 토론회에 등장했던 루와 함께) 카이퍼대의 공동 발견자인 하와이 대학교의 주잇은 우리의 명왕성 전시 방식을 전적으로 지지했다.

그들은 당연히 해야 할 일을 했을 뿐이다. 그러나 이 문제에 감정적으로 대응하는 사람들은 행성의 개수가 바뀔 수 있다는 아이디어 자체를 싫어한다. 그러나 다른 박물관들도 언제까지나 대세를 거스를 수는 없을 것이다. 로스 센터는 그저 시대를 조금 앞서갔을 뿐이다.

인터넷 언론 《스페이스닷컴(*Space.com*)》의 기자인 레너드 데이비드는 우주 과학자 케빈 저늘의 말을 다음과 같이 인용했다.

명왕성은 미국을 위해 미국인이 발견한 정통 미국 행성이다.

나중에 어느 동료에게서 전해 듣기로는, 캘리포니아 주의 모펫 필드에 있는 NASA 산하 에임스 연구소에서 일하던 저늘은 그저 농담으로 그런 말을 했다고 한다. 그러나 그 사실을 모르는 사람들은 이 문구를 진담으로 받아들였다. 소행성 추적과 관련한 인터넷 잡지 발행자인 조슈아 키치너는 즉각적으로 반박했다.

그런 낭만주의는 과학에 설 자리가 없다. 과학은 객관적 진실, 즉 인간적 편견이나 감정에 얽매이지 않는 진실을 발견하기 위한 노력을 결코 멈춰서는 안 되는 학문 체계이기 때문이다. 민족주의 역시 과학에는 끼어들 여지가 없다.

천문학자들을 뒷목 잡게 하고 싶은가?[2] 천문학자를 점성가라고 부르면 된다. 휴스턴에 있는 NASA 산하 존슨 우주 센터의 우주 과학자 웬들 멘델이 바로 그렇게 한 장본인이었다.

새삼 고백건대, 시대에 뒤떨어진 분류 체계에 매달린다는 점에서 점성가와 하등 다를 바 없는 학자 집단에 실망하지 않을 수 없다.

한편, 이 싸움을 어떻게든 중재하려는 일부 시도들 역시 흥미진진했다. IAU의 '행성 및 위성의 물리적 연구 위원회' 위원장인 데일 크룩생크는 양편의 주장을 모두 포용했다.

개인적으로, 명왕성은 이중 국적을 가져야 할 것 같다는 생각이 든다. 명왕성의 행성 지위는 한편으로는 역사적 배경에 근거해서, 또 한편으로는 물리적 특성에 근거해서 계속 유지하는 것이 바람직해 보인다. 반면에 명왕성이 이제 우리 모두가 인정하는, 이른바 카이퍼대 천체라는 큰 그룹의 '1호 천체'라는 것 또한 명백해 보인다.

이에 대해 레비는 과학과 대중의 관계에 항상 노심초사하는 사람답게 반응했다.

> 큰 틀에서, 나는 이중 지위에 찬성하지 않는다. 왜냐하면 대중에게 너무 복잡해 보일 수 있기 때문이다.

레비의 이 발언은 로스 센터의 명왕성 토론회에서 오로지 대중의 반응에만 신경 쓰던 그의 태도와 전적으로 맥락을 같이한다. 그보다 하루 전에 레비가 올린 게시물을 보면, 혹시 그가 명왕성과 개인적으로 친구 관계라도 되는 건가 하는 의문이 들 정도다.

> 우리가 명왕성을 방문해서 명왕성이 행성으로 불리기를 원치 않는다는 확실한 증거를 찾을 때까지는 이대로 그냥 두어야 한다고 생각한다.

> 내 연구 분야는 주로 항성이나 은하와 관련되어 있다. 이를 트집 잡아서, NASA 산하 에임스 연구소의 지질학자 제프 무어는 태양계 관련한 내 연구 경력의 부재를 물고 늘어졌다.

> 무엇보다 천체 물리학자인 타이슨이 어떻게 이런 (태양계) 문제에 뛰어들 생각을 했는지 어이가 없다. 그럼, 행성 지질학자인 나도 마젤란 성운을 왜소 은하에서 '좀 특별한' 성단으로 강등시켜도 되겠다.[3] 말하자

면, 타이슨은 그저 속 빈 강정에 불과하다.

"속 빈 강정"이라는 표현은 언제 들어도 참 정겹기 그지 없다.

다시 토론으로 돌아가서, 키치너는 현 상황에 대해 역사적 비유를 들었다.

과거 갈릴레오의 시대에도 보나 마나 똑같은 부류의 사람들이 "어릴 때부터 지구가 우주의 중심이라고 배웠는데 뭐하러 바꾸지? 지금 있는 그대로가 좋은데."라고 말했을 것이다.

카나리아 제도 천체 물리 연구소의 마크 키저는 카이퍼대의 해왕성 바깥 천체(TNO)들과 관련해 따끔하게 한마디 했다.

다른 TNO들이 1992년이 아닌 1935년에 발견되었더라면 지금 이런 논쟁을 벌이지 않았을지도 모른다.

이 의견들 외에도 많은 의견이 단 하루 사이에 CCNet를 뒤덮었다. 그러자 페이서는 이 사안을 둘러싼 격정이 거의 드러나지 않는 점잖은 어조로 공개 반론을 내게 요청해 왔다.

당신의 선구적인 결단에 상당한 비난과 비판이 쏟아진 것을 유감스럽게 생각하며 아울러 당신의 용기에 격려를 보내고 싶습니다. 저는 CCNet의 운영자로서 이 논쟁 전체가 오로지 사실과 증거에만 근거해서 이루어지도록 노력했고 명왕성의 지위 변경 지지자들을 위협하는 그 어떤 시도도 결코 허용하지 않았습니다.

혹시 당신이 간략한 에세이 형식의 글을 CCNet의 독자들을 위해 게재할 의향이 있는지 알려 주셨으면 합니다. 연락을 기다리겠습니다.

P

2001년 2월 14일에 페이서는 나와 미국 천문 학회의 행성 과학 분과 위원장 사이크스의 토론이 실린《뉴욕 타임스》기사 전문을 게재했다. 그보다 일주일 전, 어쩌면 사이크스는《뉴욕 타임스》기사가 자신의 관점을 제대로 전달하지 못할까 봐 걱정이 되었는지 모른다. 따라서 일종의 선제적 대응으로 그는 로스 센터의 전시 방식에 대한 자신의 비판적 견해를 단도직입적으로 토로하는 900자 길이의 서한을 CCNet에 기고했다. 그의 주장은 단호했다.

…… 헤이든(천체 투영관)의 결정은 잘못된 교육 방식 중의 하나일 뿐, 논란을 불식시키는 해결책이 될 수 없다. (로스 센터의) 행성 전시는 그래 봤자 문제점을 기어이 찾아내고야 마는 눈썰미 좋은 관객들에게 혼란을 줄 뿐이다. …… 과학적 그리고 교육적 원칙을 고려한다면, 그들

이 명왕성의 행성 지위 박탈을 지지하는 입장에 있지만 현재 IAU은 공식적으로 명왕성을 행성으로 인정하고 있다는 사실을 일반 대중에게 명확하게 공지해야 한다.

이 서한에 대한 반향이 없지는 않았다. 멤피스 대학교의 천체 물리학자 게리트 베르슈어는 대놓고 공격받은 대상이 로스 센터가 아니라 마치 자기 자신이라도 된 양 반격을 가했다.

마크 사이크스가 쓴 다음 글은 가히 충격적이다. …… "전시회를 기획할 때, 관람자가 기대하는 바를 파악하고 그 기대를 전시에 반영해 줘야 한다. 어떤 전시건, 관람자는 오로지 자신이 기대하는 것만 보려들기 때문이다." 도대체 그런 전시회를 개최한들 무슨 소용이 있을까 싶다. 만약 관람객이 오직 자신이 기대하는 것만 보려든다면 차라리 그냥 집에 있는 편이 나을 것이다. 교육적 취지로 UFO에 대한 전시회를 기획한다고 할 때, 사이크스의 관점에 따르자면 관람객이 기대하는 내용, 즉 우주를 종횡무진 날아다니는 외계인과 같은 온갖 근거 없는 낭설만 보여 줘야 할까? …… 단연코 과학 전시의 핵심은 지식의 공급과 교육에 있지, 편견의 조장과 주관적 기대의 충족에 있지 않다.

베르슈어는 더 나아가 대학에서 일반 천문학을 가르치면서 느꼈던 교육적 딜레마에 대해 토로한다.

천문학 강의를 해 본 적 있는 우리 대부분은 명왕성이 거대 기체 행성들에 관한 설명의 마지막 부분에서 불쑥 등장하거나 심지어는 지구형 행성들 중에 뜬금없이 도사리고 있는 상황에 맞닥뜨렸을 때 심란했을 것임에 분명하다.

천체 물리학에 관한 다섯 권의 대중서를 쓴 베르슈어는 순수하게 연구만 하는 과학자들과 과학의 진수를 대중에게 소개하는 역할까지 겸하는 과학자들 간의 껄끄러운 관계에 대해 또 하나의 의미심장한 물음표를 던진다.

천문학 대중화를 위해 소중한 시간을 기꺼이 할애하는 사람들에 대해 많은 순수 천문학자들이 아직도 뿌리 깊은 부정적 선입견을 가지고 있다는 사실을 감안할 때, 명왕성 논란이 천체 투영관에서 시작되었다는 사실 그 자체가 아마도 문제가 된 게 아니었을까?

이 모든 논란의 근간에 자리 잡은 맹점에 대해 소노마 주립 대학교의 천문학자 필 플레이트는 간결하게 요약했다.

이 논쟁의 핵심은 '행성'을 우리가 어떻게 정의하는가에 있다. 그런데 현재로서 행성에 대한 정의는 존재하지 않는다. IAU는 전 세계 천문학자들의 단체로서 천문학적 명칭에 대한 공식적인 관리 주체다. IAU는 행성에 대해 엄밀한 정의를 내린 적이 없지만 태양계에 명왕성을 포함해서 아홉 개의 주요 행성들이 있다고 공표했다. 그러나 이런 상황은 딱히 납득이 가지 않는다. 만약 IAU가 스스로 무엇이 행성인지 확실히 모른다면, 아홉 개의 행성들이 있다는 사실은 어떻게 알 수 있단 말인가?

ℙ

이 세상에 철면피가 사이크스 혼자만은 아니었다. 학계의 많은 동료들이 대놓고 혹은 이메일로 명왕성의 전시 방식에 대한 자신들의 의견을 표명하는 데 주저하지 않았다. 대부분의 이메일은 마치 기다렸다는 듯이 2001년 1월 22일자 《뉴욕 타임스》 기사가 세상에 나온 지 며칠 되지 않아서 이메일 수신함에 도착했고 나머지는 그 후 몇 년에 걸쳐 간간이 날아들었다.

캘리포니아 주 패서디나에 있는 NASA 산하 제트 추진 연구소의 로버트 스텔은 이 사태가 우리의 단순 실수라고 생각했던지 거리낌 없이 물었다.

어쩌다가 그랬지? 거기 누군가가 건망증이라도 걸린 건가? 명왕성을 원위치로 복귀시키려면 어떻게 해야 하나?

세월이 흐른 뒤에 그는 자연계에 대해 우리 모두가 기꺼이 동의할 만한 소회를 털어놓았다.

결국은, 명왕성 또는 태양계 외곽의 그 어떤 천체도 지구의 누군가가 자신들을 어떤 이름으로 부르건 전혀 상관하지 않는다. 어느 근엄한 과학자 단체가 이름을 붙여 주었건 또는 그 밖에 어느 다른 존재가 붙여 주었건 전혀 개의치 않고 이 천체들은 그냥 자신의 자리를 지키며 언젠가는 드러날 총체적 자연의 역사에서 자신 몫의 비밀을 간직하고 있을 뿐이다.

앞서 2년 전에 우리 센터의 명왕성 토론회에 참석했던 메릴랜드 대학교의 에이헌은 교육적 관점에서 정곡을 찌르는 통찰력을 발휘했다.

일상적으로 그 주제를 (학생들이나 혹은 대중을 상대로) 가르칠 필요가 없는 사람들이야말로 오히려 명왕성을 가장 행성으로 남겨두고 싶어 한다는 사실을 불현듯 깨닫게 되었다네.

베스트셀러 과학책의 저자인 티머시 페리스는 곧바로 우리에 대한 지지의 뜻을 밝히면서 미래에 대한 긍정적인 전망까지 함께 덧붙였다.

저는 록키 힐(Rocky Hill) 천문대를 지을 당시에 고맙게도 많은 조언을 해 준 클라이드 톰보를 개인적으로 좋아한다는 것 외에는 이 주제와 관런해서 아무 선입견도 없었으므로, 사안을 검토하고 나서 명왕성은 행성이 아니라는 결론에 도달했습니다. 따라서 제 생각에 여러분은 올바른 일을 했고, 두 갈래 길에서 옳은 선택을 한 것에 대해 언젠가는 세상이 그 공로를 인정해 줄 것이라고 믿습니다.

사이크스는 뉴욕을 방문해서 명왕성 문제로 나와 충돌하기 한참 전에 내게 이메일을 보낸 적이 있는데, 이 이메일에는 이 주제만 나오면 감정이 격해지는 그의 평소 태도가 여실히 드러나 있다.

내 기억에 이 '이슈'는 1980년대 말 어느 파티에서 브라이언 마스던이 농담처럼 했던 말에서 시작되었다. 이제 보니 그 농담은 로스 센터를 겨냥했던 것 같다. 그런데 유감스럽게도 피해를 입게 된 건 일반 대중이다. 진리 탐구의 여정에서 소수 의견이 출발점의 역할을 훌륭하게 할 수 있지만, 로스 센터의 전시가 교육적 취지에서 비롯되었다면, 그 의도나 관련 쟁점들이 분명하게 공지되어야 한다. 그렇지 않으면 로스 센터의 침묵으로 인해 행성 과학자들의 일반적 관점이 (관람객들에게) 잘못 전달되는 결과를 초래할 수 있다.

나의 명왕성 전용 수신함 목록은 행성 전시와 관련한 소동이 있고 나서 몇 년 후에 받은 스턴의 쪽지를 빼놓고는 완결되었다고 할 수 없다. 다른 용건에 대한 편지의 추신으로 덧붙여진 단 한 줄의 문구는 그의 평소 성격대로 간결하고 명료했지만 맨 끝에 윙크하며 웃는 그림말로 마무리되었다.

이보게, 이건 행성이야. 받아들여야지. ;-)

뛰어난 교육자이자 언어학 마니아이기도 한 '과학꾼' 빌 나이(그림 3.11)는 행성 과학 분야에 특히 필요한 명명법에 대한 지침을 활용해 자신의 의견을 피력했다.

이 논쟁의 좋은 점은 사람들로 하여금 행성이나 태양계 내에서의 우리의 위치에 대해 생각하게 만들었다는 것이다. 정말 놀랍다. 세상 사람들이 온통 명왕성에 열중해 있는 것 같다.

단어들은 겉으로 표현하지 않는 것 이상으로 많은 것을 내포한다. 단어들은 무언가에 대해 말할 수 있는 모든 것을 다 말하지 않는다. 따라서 형용사의 사용을 적극 주창하는 바이다. 나는 명왕성, 지나(또는 무엇이 되든지 간에 최종 이름), 세드나 등을 모두 일반적으로 '행성'으로 부르는 것을 선호한다. 그렇게 되면 형용사 또는 서술자에 대해 가르칠 기회가 우리에게 주어질 수 있다.

'주평면(Main Plane) 행성'(황도면 상에 있는 천체들)

'얼음 왜소 행성' 또는 '명왕성형' 행성(해당 명칭의 원조 격인 명왕성과 유사한 구형 얼음 천체들)

'주평면'이라는 표현은 두 단어 간에 운율이 맞으므로 말하거나 기억하기가 쉽다.

이 모든 설명으로도 성이 안 찼는지, 속성으로 라틴 어 수업까지 덧붙였다.

해왕성 너머에 아직 발견 안 된 '명왕성형' 또는 '얼음 왜소' 행성들이 있다고 생각된다. 이 천체들은 '초해왕성형(ultra-Neptunian)' 행성이라고 불러야 한다. 여기서 주목! 천문학계의 일부 동료들이 라틴 어 trans 를 '너머(beyond)'의 의미로 사용한다는 것을 알게 되면 내 학창 시절의 라틴 어 선생님들께서 굉장히 언짢아할 것 같다. (영어로 해왕성 바깥 천체를 'Trans-Neptunian objects'로 부른다. ― 옮긴이) 한숨이 절로 나온다. Trans는 '가로질러서'를 뜻한다. 라틴 어 traneo는 '지나쳐 가다.'의 의미로 가끔 사용되기도 한다. 그러나 내 귀에는 똑같지 않다. '너머'의 의미로는 로마 인들은 'ultra'를 사용했다. 명칭 위원회가 이 문제에 대해 동의하기를 바란다.

전 세계를 통틀어 그 수가 별로 많지 않지만 캘리포니아 대학교 버클리 캠퍼스의 제프 마시는 이른바 외계 행성 사냥꾼이다.[4] 사이크스의 관점뿐만 아니라 주류에 편승해서 풍파를 일으키지 않으려는 태도에 대해서 그는 다음과 같이 일침을 가한다.

그(사이크스)는 하찮은 과학 박물관은 IAU의 강령을 무조건 전파하는 역할만 해야 한다고 생각한다. 그러나 헌법 정신에 비추어 보건대 그리고 과학의 발전이 생산적으로 이루어지는 과정에 대해 생각할 때 그런 관점에 동의할 수 없다. 문제가 되는 사안은, 특히 관측 결과가 확실하게 어느 한 방향을 가리킨다면 오로지 충분한 토론을 통해 결론에 이르러야 한다. IAU의 정치적 입장과 고집불통 회원들 때문에 명왕성에 대한 진실이 가려져서는 안 된다.

워싱턴 대학교의 행성 과학자 돈 브라운리는 반대편의 관점을 단순하고 직설적으로 표현했다.

명왕성을 카이퍼대 천체(KBO)로 강등시키는 것은 수정주의 과학일 뿐만 아니라 역사에 대한 부당 행위다.

물론, 과학에서의 수정주의를 이와는 다른 시각으로, 즉 진보와 발견의 상징으로 긍정적으로 보는 사람들도 있다.

NASA 우주 과학부 부국장을 역임한 웨슬리 헌트리스는 자신이 그 산하 지구 물리학 연구소 소장을 맡고 있는 워싱턴의 카네기 연구소에서 편지를 보냈다. 서두에서는 로스 센터가 과학적 합의의 정도(正道)를 벗어나 길을 잃고 헤매는 게 아닌지 잠깐 책망하지만 결론적으로는 우리 관점과 근본적으로 크게 다르지 않은 입장으로 되돌아간다.

세계의 수도에 위치한 과학의 아성은 대중에게 혼란을 줘서는 안 된다. 카이퍼대 천체들이, 특히 명왕성보다 크면서 자체적으로 위성을 보유한 천체들이 계속 발견되고 있는 상황에서 더 넓은 영역으로 태양계 탐사의 범위가 확장됨에 따라 태양계의 '세계' 지도를 새로 만들어야 할 필요성이 대두되고 있다. …… 우리 태양계에는 많은 작은 천체들로 이뤄진 두 개의 띠가 있는데, 첫 번째 띠는 화성과 목성 사이에 있는 암석 천체들의 띠이고, 두 번째 띠는 해왕성 너머에서 성간 공간으로 뻗어나가 오오트 구름에까지 이르는 얼음 천체들의 띠이다. …… 즉 태양계에는 소행성 띠와 혜성의 띠가 각각 하나씩 있다. 띠의 구성원이 자체 중력으로 둥근 모양을 갖는다면 왜소 행성이라고 불러도 된다. 왜소 행성은 구성 물질에 따라 암석 왜소 행성과 얼음 왜소 행성으로 나눌 수 있다. 그 밖에 다른 천체들은 소행성 또는 혜성이다. 따라서 세레스는 암석 왜소 행성이고 명왕성은 얼음 왜소 행성이며 태양계에는 여덟 개의 행성만 있다.

헌트리스는 빈 둥지에 홀로 남은 부모만이 깨달을 수 있는 삶의 교훈으로 끝을 맺는다.

때가 되면 자식들도 품 안에서 떠나보내야 한다.

물론 과학자들만 내게 편지를 보낸 것은 아니었다.《뉴욕 타임스》전에, CCNet 전에, 사이크스 전에, 뉴 호라이즌스 탐사선이 명왕성으로 발사되기 전에, 우리 전시에 명왕성이 빠져 있다는 사실을 알아채고 이를 편지로 처음 문의한 사람은 월 갤머트 군이었다. 이 예리한 관람객은 로스 센터의 명왕성 전시에 대해 언론보다 열 달이나 앞서 우리에게 편지를 보냈다. 전시가 진행된 첫 한 달 동안 갤머트 군은 아마 누구보다도 치밀하게 전시를 관찰했던 듯하며 진지하게 이 문제를 탐구하고 조사했다. 그림 5.1에 복사해서 실은 갤머트 군의 짧은 편지는 명료할 뿐만 아니라 핵심을 찌른다. 그리고 혹시라도 명왕성이 어떻게 생겼는지 우리가 잘 모를 수도 있으므로 전시 담당자가 참고할 수 있게 정성껏 그린 상세한 그림까지 보내 주었다.

2001년 중반에 이르자, 이 이슈에 대해 자기 반 학생들의 투표 결과를 보여 주고 싶어 하는 열성적인 교사들이 보낸 학생들의 편지 꾸러미가 몇 주에 한 번씩 도착했다. 2001년 6월에 네바다 주의 라스 베이거스에 있는 딘 라 마 앨런(Dean La Mar Allen) 초등학교 4학년의 페디 선생님 반 학생들의 90퍼센트는 명왕성의 지위를 유지하는 데 찬성했다. 어린이들만 이렇게 느꼈던 건 아니었다. 장성한 지인 중의 하나인 크레이그 머니스터는 칵테일 파티에서 내게 투덜거렸다. "이건 마치 침대에서 일어나 발을 내디뎠을 때 방바닥이 단단하리라

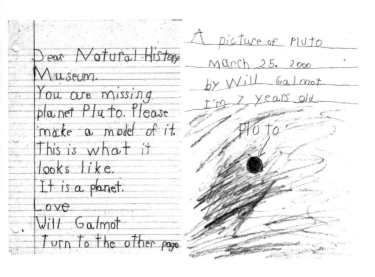

그림 5.1. 갤머트 군이 보낸 편지. 내용은 다음과 같다. (앞면) "자연사 박물관 담당자께, 전시에 행성인 명왕성이 빠져 있습니다. 명왕성의 모형을 만들어 주세요. 이 그림이 명왕성의 모습입니다. 명왕성은 행성이에요. 윌 갤머트. 다음 페이지를 봐 주세요." (뒷면) "명왕성의 그림. 2000년 3월 25일. 윌 갤머트가 그림. 저는 일곱 살입니다."

는 것을 아는 것과 마찬가지야."

그리고 몇 년이 흐르자 초등학교에서 오는 우편물에서 모종의 변화를 감지할 수 있었다. 분노하던 학생들이 점차적으로 졸업하며 떠나가자 애초부터 아홉 행성에 대한 확고한 신념을 가진 적이 없는 새로운 부류의 학생들이 그 자리를 채우게 되었다.

2005년 3월에 워싱턴 주의 매리스빌(Marysville)에 있는 중학교의 쉬메 그레이 선생님이 보낸 한 다발의 편지에 따르면, 그 반의 학생들은 명왕성과 관련해 주로 크기 대 전통의 입장으로 나뉘어 논쟁을 벌인 끝에, 명왕성의 행성 지위에 대한 찬성과 반대의 비율이 50 대 50으로 나뉘는 결과가 나왔다. 그로부터 1년 후에 같은 선생님이 보낸 두 번째 편지 다발을 포함해 또 다른 편지 다발들이 카이퍼 대 및 태양계 내 암석 천체와 얼음 천체 간의 차이점에 대해 학생들의 상당히 잘 알고 있다는 사실을 보여 주었다. 더 나아가 학생들은 원 궤도나 타원 궤도에 대해서도 기초적인 이해를 갖추고 있었고 편지에서 감정이나 감상적 태도는 거의 느껴지지 않았다. 2006년 말에 이르자, 편지들에 근거한 득표 상황은 행성 지위에 대해 90퍼센트가 반대하고 10퍼센트만 찬성하는 수준에까지 도달했다.

한편, 나름의 의견을 가진 여러 부류의 사람들도 이메일을 보내 왔다.

노골적으로 불만을 드러내는 사람이 있는가 하면,

일시: 2005년 2월 13일, 오후 10시 50분

명왕성을 행성이 아닌 천체로 강등하려는 당신의 시도가 마뜩잖다. 나는 59세다. 그리고 「우주 사관 생도 톰 코벳(Tom Corbett)」(1950년대 미국에서 텔레비전 드라마, 소설, 만화, 등으로 만들어진 동명의 연작물. 우주를 배경으로 주인공 톰 코벳을 포함하는 우주 사관 학교 생도들의 모험담을 주 내용으로 한다. ―옮긴이)을 보며 자랐다. 살아오는 동안 수많은 변화를 목격했지만, 한 가지 확실한 것은 태양계에는 아홉 개의 행성이 있다는 것과 그중 가장 작으면서 가장 멀리 있는 행성이 명왕성이라는 것이다.

명왕성을 건드리지 마.

댄 번스

"어린아이가 그들을 이끌 것이다."(구약 성경, 「이사야서」, 11장 6절. ― 옮긴이)를 말 그대로 보여 주는 경우까지 있었다.

일시: 2004년 11월 18일, 동부 표준시 오후 7:09:13

제 이름은 존 글리든입니다. 저는 여섯 살이고 제가 가장 좋아하는 행성은 명왕성인데요. 명왕성이 카이퍼대 천체라는 박사님 주장에 동의할 수 없습니다. 저는 명왕성이 진짜 행성이라고 생각하기 때문에 11명에게 아래와 같이 물어보았는데요.

다음 중 명왕성은 어떤 천체에 해당하나요?

행성

이중 행성

카이퍼대 천체

행성이면서 카이퍼대 천체

저는 명왕성이 이중 행성이라고 생각하지만 다른 사람들은 모두 굉장히 차가운 보통 행성이라고 대답했습니다.

어제는 학교에 오전 수업만 있어서 엄마가 저를 자연사 박물관과 헤이든 천체 투영관에 데려다 주셨어요. 저는 박사님을 만나서 직접 이 말을 하고 싶었거든요.

존 글리든

심지어는 우스개로 압박하는 사람도 있었고,

일시: 1999년 1월 28일 목요일 07:45:58

이봐요, 닐. 명왕성의 행성 지위를 가지고 장난치지 맙시다.

비록 명왕성이 크기는 작아도 행성이 된 시간으로 치면 할아버지 뻘인데 그냥 이대로 둡시다. (만약 세레스가 투덜거리기 시작하면 뭔가 명예 지위라도 던져 주면 되지 않을까요.) 명왕성으로부터 행성 지위를 박탈하는 것은 마치 조지 워싱턴으로부터 시민권을 박탈하는 것과 마찬가지라고요. 왜냐하면, 그가 태어나던 당시에는 미국은 진정한 의미로 국가가 아니었으니까요.

어쨌건, 변화의 대가는 엄청날 겁니다. 20년 전에 발간된 백과사

전 전집 수천 질이 교체되어야 하니까요. 이 일에 투입되는 백과사전 판매 인원만으로도 사회 구조가 흔들릴 지경이 될 테니까요.

스티브 리스

문화적 감수성이 예민하지 못하다고 탓하는 사람에다가

일시: 2004년 12월 6일, 동부 표준시 오후 9:06:50

당신이라면, 작은 어린아이나 난쟁이는 인간이 아니라고 말하겠는가? 물론, 아닐 것이다. 비록 그들의 모습이 인간 외형의 일반적인 표준은 아니지만 여전히 인간으로 분류되기 때문이다. 명왕성이 행성이 아니라고 말하는 것은 난쟁이나 작은 어린아이가 인간이 아니라고 말하는 것과 마찬가지다.

브룩 에이브럼스

그리고 노골적인 고집불통까지.

일시: 2003년 11월 13일, 동부 표준시 오전 9:01:07

명왕성은 행성이다. 왜냐면 내가 그렇다고 말하니까. 내 평생 귀에 못이 박히게 들어온 말, 즉 "명왕성은 진짜 행성이다."가 의심을 받다 못해 우리 의견 따위는 전혀 안중에도 없는 기관에 편지까지 써야 하다니 도저히 분통이 터져 참을 수가 없다.

이런 편지들은 몇 달간 읽는 즐거움을 선사했는데 그것은 단지 공격의 서막에 불과하다는 사실을 당시에는 미처 알지 못했다.

6
명왕성 최후의 날

2년에 걸쳐 위원회에서 토의를 거듭했지만 IAU는 행성의 명확한 정의에 대한 합의점을 찾지 못했다. 결국 IAU는 최후 수단으로서 한시적인 행성 정의 위원회를 신설했다. 과학자 다섯 명, 언론인과 과학사 학자 각 한 명씩 총 일곱 명으로 구성된 이 모임은 IAU 총회가 프라하에서 개최되기 전에 명왕성을 포함해 이해 당사자 모두를 위한 최선책이라고 생각되는 바를 심사숙고해서 결정하기 위해 이틀간 회의를 열었다. 2006년 8월 16일, 그들은 IAU 회원들에게 행성의 정의로 다음과 같은 기준을 권고했다. 행성은 ① 항성의 주위를 돌지만 다른 행성의 주위를 돌지는 않으며, ② 크기가 자체 중력으로 구의 모양을 갖출 만큼 크지만 중심핵에서 융합 반응이 일어나서 별이 될 만큼 크지는 않다. 이 기준은 명왕성을 행성으로 유지하면서 즉석에서 행성 목록에 세레스, 카론, 에리스 세 개를 추가했고 미래에 더 많

그림 6.1. 7인으로 구성된 IAU 행성 정의 위원회. 상단 왼쪽에서 오른쪽으로 드니 디드로 대학교 (파리)의 행성 과학자이자 과학 대중화 운동가 앙드레 브라히, 퀸 메리 대학교(런던)의 행성 이론 가 이완 윌리엄스, 일본 국립 천문대 홍보 국장 와타나베 준이치, 매사추세츠 공과 대학의 행성 과 학자 리처드 빈젤. 하단의 왼쪽에서 오른쪽으로, 유럽 남천문대 대장이자 IAU 차기 의장 당선자 카트린 세자르스키, 베스트셀러 과학 저술가이자 언론인 데이바 소벨, 하버드 대학교의 천문학자 이자 과학사가, 그리고 이 위원회의 위원장인 오언 깅거리치.

은 행성이 추가될 가능성을 열어 놓았다.

이 위원회가 더할 나위 없는 전문적 역량을 갖춘 사람들로 구성되기는 했지만, 우리가 어떤 종류의 태양계에 사는지에 대한 직접적인 깨달음을 제공하는 행성 과학의 두 미개척 분야, 즉 카이퍼대 천체의 발견과 분석, 그리고 외계 행성의 발견과 분석에만 특화되어 있는 이들로 이뤄져 있었다. 말하자면, 자신의 연구 분야 외에는 아무 관심없는 전형적인 연구자들이었다. 카이퍼대의 공동 발견자 주잇과 루가 진즉부터 주창해 온 발언이나 반응 등으로 미루어 짐작건대, 예를 들어 둘 중 한 명이라도 이 위원회에 들어갔더라면 또 한 번의 불일치 배심 결과가 나왔으리라는 확신이 든다.

IAU 제안서의 언론 발표부터 권고안에 대한 공식 투표까지 한 주 동안 행성의 둥근 모양이라는 기준이 언론의 상당한 주목을 받았다. 내가 방송 채널 '코미디 센트럴(Comedy Central)'의 「콜베어 르포(The Colbert Report)」(2005년부터 2014년까지 코미디 센트럴에서 방영된 텔레비전 심야 토크쇼이자 시사 풍자 프로그램. ─옮긴이)에 출연했을 때, 극단적인 보수주의자를 패러디하는 사회자 스티븐 콜버트에게 이 개념에 대해 설명해 준 적이 있었다. 그는 시종일관 명왕성을 위한 지원 사격을 해 왔지만, 만약 둥근 모양이 행성의 기준이라면 "개나 소나 행성이 될 수 있다는 뜻"이고 "모두가 행성이면, 누구도 행성일 수 없다."는 점에 상당한 우려를 표명했다. 다른 사람들 역시 공감했던 그의 우려를 요약하자면, 이 결정으로 말미암아 "지구가 행성으로서 갖는 독보성이 사라지게 되었다."라는 것이다. 그는 이어서 명왕성의 매우 둥근 위성 카론부터 시작해서 태양계의 새로운 행성 후보 세 개를 향해 독설을 날렸다.

이봐 카론, 네 공전 궤도는 어찌나 큰지, 248년마다 간신히 한 번씩 크리스마스를 맞이하는데 너무 춥다 보니 선물이라고는 겨우 귀마개나 받잖아!

다음 차례는 소행성 중에서 가장 크면서 유일하게 둥근 세레스였다.

이봐 세레스, 이게 말이 돼? 사람들이 너더러 행성이라는데 우리 둘 다 잘 알다시피 넌 그냥 몸집만 커다란 뚱뚱이 얼간이잖아. 네가 어쩜 그리도 못생겼는지 하느님께서 너를 소행성대에 숨겨 놓으려고까지 했었지!

마지막으로 나중에 에리스로 불리게 될, 그러나 당시에는 아직 공식 명칭이 주어지지 않았던 카이퍼대의 얼음 천체 2003 UB313의 차례였다.

이봐, 2003 UB313, 그게 네 진짜 이름이면 너는 행성이 아니고 그저 게으른 혜성일 뿐이야. 네 엄마가 얼마나 못생겼으면 너한테 2003

UB313라는 이름을 붙여 주었겠니. ('네 엄마(Yo mama)……'로 시작되는 비속어 농담 시리즈를 따른 것으로서 미국의 중고등학생 간에 아무 의미 없이 그저 서로 주고받는 형식의 농담이다. — 옮긴이)

P

현실 세계에서는 IAU 총회 참석자들이 행성의 둥근 모양 기준에 대해 열띤 논쟁을 벌인 끝에 이 기준에 두 가지의 부수적인 기준을 첨부하기로 했다. ① 이 둥근 천체는 더 큰 또 다른 천체 주위를 돌아서는 안 된다. 이 기준은 카론이 명왕성의 동반 행성이 될 기회를 차단해 버렸다. 그리고 ② 이 둥근 천체는 궤도 주변의 잡동사니 잔재들을 치워야 한다. 궤도 영역에 수많은 카이퍼대 얼음 천체 덩어리들이 아직도 남아 있는 명왕성에게는 사망 선고나 다름없는 소식이었다. 이제 태양은 열두 행성이나 아홉 행성 대신에 여덟 행성 가족으로 남게 되었다. 2006년 8월 16일 같은 날에 내 친구이자 박물관 동료인 소터(1998년 당시 명왕성 문제에 대해서 처음으로 내 관심을 환기시킨 장본인)가 「무엇이 행성인가?(What Is a Planet?)」라는 제목의 연구 논문을 학술지에 투고했는데, 그 논문에서 그는 "천체가 궤도 주변을 치운다."라는 기준의 의미를 정량적으로 기술했다.[1] 만약 주변이 치워진 궤도에 대한 정량적 근거가 없다면 이 기준이 제멋대로 적용될 위험성이 있으므로 우려스러울 수밖에 없다. 예를 들어, 앞에서 언급했듯이 지구

b 명왕성 최후의 날

는 매년 태양 주위를 돌면서 매일같이 계속해서 수백 톤에 달하는 오만 가지 유성체들을 헤치면서 나아간다. 그렇다면 지구는 자신의 궤도를 치웠다고 해야 할까? 분명히 아니다. 요점은 주변에 널린 부스러기의 총 질량을 추산해서 해당 행성의 질량과 비교하는 것이다. 부스러기의 양이 상대적으로 많지 않다면 행성이 궤도를 치웠거나 장악했다고 주장해도 된다. 만약 그렇지 않다면, 행성이 아니라 그저 그 부스러기 무리 중 하나일 뿐이다.

예를 들어, 지구는 앞으로 충돌할 가능성이 있는 모든 물질의 총합을 훨씬 능가하는 질량을 갖고 있다. 지구가 앞으로 1000조 년 (1,000,000,000,000,000년) 동안 매일 이 부스러기들과 부딪치며 나아간다 해도 현재보다 겨우 2퍼센트 더 무거워질 뿐이다. 1000조 년은 우주의 현재 나이보다 1만 배나 더 긴 시간이다. 한편, 수없이 많은 카이퍼대 혜성들의 총 질량은 명왕성보다 최소 15배나 크다.

소터의 논문은 IAU 결의안에 원래부터 명시되어 있던 둥근 모양정의 외에 급하게 추가된 조항에 기준점을 제공해 주었다. 소터와 함께 나도 이 논문의 초기 단계에 관여했지만 연구의 말미에 나는 (유감스럽게도) 행정 업무로 시간을 낼 수 없어서 소터가 연구의 95퍼센트를 수행하게 되었다. 결국 내 이름은 공저자 명단에서 빠지게 되었지만 논문의 감사 인사에 언급되어서 뿌듯했다.

프라하에서 열린 IAU 총회로 시선을 돌려보면, 초조한 기자들이 언론 출입 금지 구역인 회의장 밖에서 기다렸다. 그들은 추기경단이 선출하는 교황 선거에서나 볼 수 있는 긴장 어린 기대감으로, 즉 바티칸 성당 굴뚝에서 솟아오르는 연기가 검은 연기이면 교황 선출 실패이고 흰 연기이면 새로운 교황 선출 성공이라는 사실을 확인하기 위해 성 베드로 광장에서 기다리는 구경꾼들처럼 웅성거렸다. 그 주 내내, 내 이메일 수신함에는 염려하는 시민에서부터 내 입장 표명을 듣고 싶어 하는 언론에 이르기까지 오로지 명왕성하고만 관련된 문의가 하루에 100개 이상 쏟아져 들어왔다. 2006년 8월 24일 드디어 최종 투표가 실시되어서 개정된 행성 정의 및 명왕성의 개정된 지위가 확정되었다.

명왕성은 공식적으로 '왜소 행성'으로 강등되었다!

424명의 투표자 중 90퍼센트 이상이 명왕성의 강등에 찬성했다. (부록 F의 「개정 결의안 5A」 전문 참조) 명왕성을 강등시킨 동일한 기준에 따라 세레스는 소행성 무리에서 왜소 행성 계급으로 격상되었다. 새로 발견된 둥근 모양의 카이퍼대 천체, 에리스 역시 명왕성과 함께 왜소 행성 그룹에 합류했다.

이제 하루에 대략 200개의 명왕성 이메일이 내 수신함에 쏟아졌고, 제목만 봐도 내용을 대강 짐작할 수 있었다. "당신이 저지른 짓 좀 봐라!" "명왕성은 행성이 아니라는 논쟁에서 승리한 것을 축하합니다." "명왕성을 여전히 행성이라고 생각한다면 차의 경적을 울리

ㅂ 명왕성 최후의 날

그림 6.2. 프라하에서 열린 제26차 IAU 총회(3년마다 열린다.) 전경. 참석한 2,500명 회원 중에서 424명만 마지막 날(2006년 8월 24일)까지 남아서 '행성' 단어의 개정된 정의에 대해 압도적으로 (90퍼센트) 찬성에 투표했다. 이 투표 결과로 명왕성은 행성에서 제외되었고 공식적으로 왜소 행성으로 '강등'되었다.

시오." 등등. 아울러 10여 개의 주요 언론 매체들이 이 결정에 대한 나의 입장을 듣기 위해 전화를 걸거나 이메일을 보냈다. 그런데 하필 바로 그 주에 나는 가족과 함께 해변에서 휴가 중이어서 인터뷰를 할 수 없었다. 결국 이 북새통은 나 없이 진행될 수밖에 없었다.

그 뒤 몇 주 동안 이어진 이메일 공세 속에서도 한두 명의 지지 자를 발견할 수 있었다.

일시: 2006년 10월 27일, 동부 표준시 오후 2:56:24
철학적 허세에 불과한 것들을 읽느라 수많은 시간을 허비하다가 마치 한 줄기 신선한 분석적 공기와도 같은 발언을 듣고 나니, 편지를 쓰지 않을 수 없었습니다 …….

클렘슨 대학교
이언 스탁스

아래 편지는 내게 직접 보낸 것이 아니라 천체 투영관 업무 종사자를 대상으로 한 인터넷 채팅 그룹인 '돔-L(Dome-L)'에 게시되었던 의견 이다. 이 게시자는 천체 투영관 업무 종사자들이 IAU의 선언에 위배 된다는 이유를 들어 우리 박물관의 명왕성 전시 방식에 거부 반응을 보이더니, IAU가 공식적으로 명왕성을 강등시킨 후에도 IAU에 아 랑곳하지 않고 여전히 반대를 계속하는 상황에 대해 지적한다. 이와 같은 태도는 이성적인 논리에 수긍하지 않으려는 숨은 편견을 드러

6 명왕성 최후의 날

낸다.

일시: 2006년 8월 31일, 동부 표준시 오후 3:36:12

발신 대상: 돔-L

혹시 제가 무례하다면 용서를 바랍니다만, 국제 천문 연맹의 결정에 대한 일부 회원님들의 반응이 참 재미있군요. 특히, 가장 분노하는 분들이 미국 자연사 박물관(AMNH)의 태양계 전시에서 명왕성이 빠진 것에 대해 닐 타이슨을 공공연히 비난했던 바로 그분들이라는 게 좀 웃기네요.

　　명왕성의 행성 지위를 인정한 국제 천문 연맹에 정면으로 맞선다는 이유로, (당시에) 명왕성을 전시에서 제외했던 타이슨을 비웃었던 분들이 이제는 국제 천문 연맹에 맞서 천체 투영관 프로그램에서 명왕성을 여전히 행성으로 부르겠다고 여기저기 공언하고 다닌다는 게 기막힌 반전 아닌가요?

　　아무리 생각해도 좀 위선적인 듯…….

마이클 날록

어떤 사람들은 명왕성 배척에 너무 열중한 나머지 도가 좀 지나치기도 했다.

일시: 2006년 8월 27일, 동부 표준시 오후 2:48:26

이런 망할 명왕성, 어차피 행성으로서 변변치 못했으니 이참에 태양 쓰레기로 내다 버리기로 하자. 이제 그 이름을 다른 데 사용해도 되니, 천왕성을 명왕성으로 개명해서 초등학교 웃음거리도 일시에 해결하면 어떨까? (천왕성의 영문명인 'Uranus'의 발음이 간혹 'your anus(너의 항문)'과 유사하게 들리는 경우가 있어서 초등학교 교실에서 웃음보가 터지는 상황에 대한 설명이다. ─ 옮긴이)

하워드 브레너

이 기회를 틈타, 또 다른 사람들은 나름 잘하려고 애쓴 과학자들의 협상 능력에 혹평을 퍼부었다.

일시: 2006년 8월 27일 오전 07:40
이번 사건은 과학자나 기술자 출신 관료들이 일반적으로 정치가로서 왜 형편없는지를 보여 주는 훌륭한 사례다.

오스트레일리아 캔버라
데이브 헤럴드

한편, 일반 우편으로도 편지들이 속속 도착했다. 2000년도에 분노에 차 있던 초등학교 3학년생들은 이제 고등학생이 되었고 관심사가 다른 쪽(주로 호르몬의 영향을 받는 쪽)으로 분산되었다. 그러나 이미 앞에서 언급했다시피 그 빈 공간을 채울 새로운 무리의 초등학생들이 항상 있게 마련이다. 펜실베이니아 주 맨스필드에 있는 워런 밀러 초등학교의 데비 돌턴 교사의 3학년 반 학생들이 보낸 한 다발의 편지 중에서 에머슨 요크의 편지는 그들의 심정을 가장 잘 표현했는데, 일곱 개의 느낌표로 편지를 마무리한 뒤에 눈물을 글썽이는 명왕성 그림을 맨 밑에 추가했다. (그림 6.3)

이른바, "화난-아이(angry-kid)"가 보낸 편지 중 내가 제일 좋아하는 편지 하나는 플로리다 주 플랜테이션에 사는 매들린 트로스트로부터 2006년 9월 19일에 받은 편지다. 봉투에는 받는 사람을 내 이름으로 했지만, 편지 본문은 "과학자님께"로 딱딱하게 시작했다. (그림 6.4) 매들린은 내 처신의 온갖 불합리성에 대해 있는 대로 공격을 퍼부어대다가 자기 나름의 약점에 대한 양해를 부탁하면서 끝을 맺었다. 또 다른 분노에 찬 편지는 좀 더 나이 든 아이가 보내왔다. 미국 자연사 박물관의 회원이기까지 한 이 아이도 명왕성(플루토)의 신화에 대한 훈육까지 서슴지 않았다. (그림 6.5)

ｐ

신문 기사를 작성할 때, 기자들이 기사 제목을 직접 다는 경우는 거의 없다. 그 일은 보통 사무실의 다른 누군가가 맡는다. 명왕성의 강등에 대해서 사건 전반을 아우르는 풍자를 통해 독자의 시선을 확 끌어당기는 헤드라인을 작성하고 싶은 욕구를, 특히 선정성을 강조하

그림 6.3. 초등학교 3학년생 요크의 편지. "2006년 11월 6일. 타이슨 씨께, 저는 명왕성이 행성이라고 생각합니다. 어째서 당신은 명왕성이 이제 더 이상 행성이 아니라고 생각하나요? 저는 당신의 대답이 마음에 들지 않습니다!!! 명왕성은 제가 가장 좋아하는 행성입니다!!! 당신은 책들을 모두 가져가서 바꿔야 할 것입니다. 명왕성은 행성이다!!!!!!!" 명왕성 그림 옆에는 다음과 같은 문구가 있다. "내 친구가 보고 싶어요!!!!!!!!"

6 명왕성 최후의 날

Dear Scientest,

What do you call pluto if its not a planet anymore? If you make it a planet agian all the science books will be right. Do Poeple live On Pluto? If there are Poeple who live there they won't exist. Why can't Pluuto be a planet? If its small doesnt mean that it doent have to be a planet anymore. Some Poeple like pluto. If it doen't exist then they don't have a favorite Planet. Please write back, but not in cursive because I can't read in cursive.

Your friend,
Madeline Trost

그림 6.4. 플로리다 주 트로스트의 편지. "과학자님께, 만약 명왕성이 더 이상 행성이 아니라면 이제 명왕성을 어떤 이름으로 불러야 합니까? 명왕성이 다시 행성이 된다면, 모든 과학책들이 올바르게 될 것입니다. 명왕성에 사람들이 살고 있나요? 그곳에 사람들이 살고 있다면 그들은 더 이상 존재하지 않게 됩니다. 어째서 명왕성은 행성이 될 수 없나요? 명왕성이 작다고 해서 더 이상 행성이어서는 안 된다는 법은 없습니다. 명왕성을 좋아하는 사람들도 있습니다. 만약 명왕성이 더 이상 (행성으로) 존재하지 않는다면 그들은 좋아하는 행성이 없어지게 됩니다. 제게 답장을 해 주세요. 그런데 제가 흘림체를 읽지 못하므로 흘림체로 보내지는 말아주세요."

DR. NEIL DEGRASSE TYSON   9/7/06
DIRECTOR, HAYDEN PLANETARIUM

DEAR DR. TYSON,

    SEE WHAT YOUSE GUYS DONE DID TO
    US KIDS? (EVEN A 72-YEAR-OLD LIKE ME!)
    PLUTO LIVES!!

                    Diane R. Kline
            Member, Museum of Natural
                    History
P.S. IF PLUTO WERE IN EARTH'S ORBIT IT WOULD
    GROW A TAIL AND BE CALLED A COMET????
PLUTO HAS A MOON!! WHAT DO YOU FELLOWS
PROPOSE WE DO WITH CHARON? CONSIGN IT TO HADES???
PROSERPINA NEEDS A NEW BALL TO PLAY WITH??

그림 6.5. 미국 자연사 박물관 회원인 다이앤 클라인의 편지. "타이슨 박사님께, 당신들이 한 짓이 우리 같은 아이들에게(심지어 나처럼 열두 살이나 먹은 아이한테조차!) 어떤 영향을 끼쳤는지 아 나요? 명왕성은 영원하다!! 추신: 만약 명왕성이 지구 궤도에 있었다면 꼬리가 생겨서 혜성이 되 었을까요???? 명왕성에는 달이 있다고요!! 당신들은 카론을 어떻게 할 작정인가요? 하데스에게 보낼 건가요??? 프로세르피나가 갖고 놀 새로운 공이 필요한가요?" (하데스는 그리스 신화에 나 오는 지옥 및 지하 세계의 왕. 플루토와 같은 신이다. 프로세르피나는 로마 신화에 나오는 지옥 및 지하 세계의 여왕이다. ─ 옮긴이)

는 신문에서는 억누르기 어렵다. 그중에서 단연 돋보이는 예로, 《애틀랜타 저널 컨스티튜션(*Atlanta Journal-Constitution*)》 2006년 8월 16일자 헤드라인, 「행성 계획(Planned Planethood)」(산아 제한 등의 서비스를 제공하는 미국 가족 계획 협회의 약칭인 '가족 계획(Planned Parenthood)'에 빗댄 제목이다. ─ 옮긴이)을 들 수 있다. 한편, 격렬한 논란을 불러일으킨 2000년의 대통령 선거 기간 중에 플로리다 주의 개표 오류에 대한 기억이 아직 생생했던 탓에, 《세인트 피터스버그 타임스(*St. Petersburg Times*)》는 2006년 8월 22일자 기사에 「명왕성의 매달린 천공밥(Pluto's Hanging Chad)」이라는 헤드라인을 달았다. (천공밥은 펀치카드에 천공(穿孔), 즉 구멍을 뚫을 때 떨어져 나오는 작은 종이 쪼가리다. 2000년 미국 대통령 선거에서 플로리다 주는 펀치 카드 투표용지를 사용했는데 용지에 구멍이 불완전하게 뚫리면 용지의 한구석에 천공밥이 매달린 채로 있게 되어 이를 '매달린 천공밥(hanging chad)'이라고 부른다. 하지만 플로리다 주의 개표기가 이런 투표 용지를 무효 처리하면서 개표 결과에 대한 논란이 일어났고, 이로부터 '매달린 천공밥'은 투표 과정의 혼란이나 불합리성에 대한 의미도 포함하게 되었다. ─ 옮긴이)

앞의 예들은 그래도 실제 헤드라인이었다.

《뉴욕 타임스》의 1면을 풍자한 《피플스 큐브(*People's Cube*)》는 명왕성으로부터 영감을 얻은 일련의 헤드라인들을 (해독이 어려운 본문을 동반해서) 실었는데, 미국을 풍미하는 정치적 또는 문화적 정서를 반영했다. 2006년 8월 26일자의 1면은 다음과 같이 시작한다.

《뉴욕 타임스》: 명왕성 위기 특별판

아래 제목에서는 2001년 9월 11일의 사태로 인한 반이슬람 정서의 잔재를 즉각 확인할 수 있다. (2001년 9월 11일에 일어난 알카에다 테러 공격을 의미한다. — 옮긴이)

이슬람교도들이 '만일에 대비해서' 지역 천체 투영관을 불태우다.

그리고 미국 의회가 명왕성의 강등에 모종의 관련이 있을지도 모른다고 시사한다.

연방 재정 지원 부족으로 태양계가 축소되다.

더 나아가 명왕성의 강등이 은하의 다른 영역에 끼친 잠재적 영향에 대해서도 알려 준다.

명왕성에 대한 결정이 이웃 태양계에 충격을 주다.

오늘날 뉴스에서 파벌 정치를 빼고 무슨 이야기를 논할 수 있겠는가.

공화당은 해왕성 바깥 천체들의 미래에 관해 점증하는 우려에도 불구

ㅂ 명왕성 최후의 날

하고 명왕성에 대한 지원을 거부하다.

명왕성 강등이 민주당의 선거 승리에 도움이 될 것인가?

앨 고어가 소행성의 재계표를 요구하다.

아울러 부시에 대한 비난도 빼놓을 수 없는 단골 메뉴다.

NASA: 부시는 명왕성의 중력이 충분치 못하다는 사실을 이미 알고 있었다. 명왕성을 '퇴출'시키라는 지시는 칼 로브가 했을지도 모른다

(칼 로브는 2001~2007년에 조지 부시 대통령의 상임 고문 및 보좌관으로 있는 동안 연방 검사의 해고에 관여했다는 의혹을 받았다. ─ 옮긴이) 미국과 베네수엘라의 불편한 관계도 그냥 넘어가지 않았다.

우고 차베스가 명왕성에 석유를 보내겠다고 약속하다.

(우고 차베스는 2002~2013년에 베네수엘라 대통령으로 재임하는 동안 정치적으로 반미 사회주의 노선을 견지하면서 이전 정권에서 미국 석유업체들이 장악하고 있던 자국 석유 산업을 국유화하는 등 미국에 대해 적대적 태도를 유지했다. 2000년대 초반 베네수엘라는 세계 5위의 원유 수출국이었다. ─ 옮긴이) 중동 문제도 소홀히 할 수 없다.

이란 대통령이 명왕성을 옹호하며 이스라엘에 보복하겠다고 위협하다. 하마스 지도자들이 명왕성의 신원에 대해 알게 되자 곧바로 유엔에 호소하다.

헤즈볼라는 이제 자기네 로켓이 명왕성까지 도달할 수 있다고 공언하다.

이민과 관련한 정치 현안도 언급되었다.

매케인이 선출되면 소행성들에게 행성의 지위를 부여하겠다고 공약하다.

(존 매케인은 2000년 미국 대통령 선거 공화당 후보 경선에 참가했지만 조지 부시에게 패했고 2008년 공화당 대통령 후보가 되었지만 민주당 후보인 오바마에게 패했다. 공화당 지지 보수층에게 호응을 얻지 못한 불법 이민의 합법화, 즉 시민권 부여를 지원하는 이민 개혁 정책을 추진했다. ─옮긴이) 그리고 차별에 대한 제보도 끈덕지게 보도한다.

국립 천문대들에 만연한 '거대 행성주의(Big-Planetism)': 좀 더 작은 크기의 '여성' 행성들에 대한 편견을 내부 고발자가 폭로하다.

관련은 있지만 좀 더 작은 크기의 헤드라인들도 뒤따랐다.

6 명왕성 최후의 날

공화당은 왜소 행성과 소행성의 유리 천장 이슈를 무시해 버리다.

여론 조사: 대부분의 미국인들은 블랙홀이 차별 대우를 받고 있다고 생각한다.

명왕성 판결에 난쟁이와 꼬마들이 분노하다:
'난쟁이 퇴출'에 항의하는 집단 소송이 제기되다.

(능력은 되는데 성별이나 인종 등의 이유로 직장에서 어느 특정 직위 이상으로 승진이 안 되는 상황을 일컬어, 눈에는 안 보이지만 실제로 존재하는 장애물을 뜻하는 유리 천장 (Glass Ceiling)에 비유했다. ─ 옮긴이) 이 헤드라인들은 단순히 뉴스에 대한 풍자가 아니라 현대 미국의 사회적 관습을 반영한다.

신문들은 또한 특집면 기사들과 독자 투고란을 통해 매일같이 대중의 정서를 기록하고 저장하는 역할도 수행한다. 2006년 9월 3일 자《휴스턴 크로니클(Houston Chronicle)》에 랜디 라이트의 편지가 실렸다. "명왕성은 일단의 천문학자들의 투표로 행성의 지위에서 밀려났다. 하지만 내가 듣기로 명왕성은 이제 무소속으로 출마할 예정이라고 한다." 같은 날《오리고니언(Oregonian)》은 포틀랜드 서남부에 사는 마이크 몰터의 운문을 실었다.

명왕성에게,

네 소식에 상당히 씁쓸하다.

최근 너의 강등이 너무 슬프다.

지구 과학자들이 네 모습을 바꾼 거야.

그들은 네 크기를 줄이고 너를 '왜소화'시킨 거야.

꼬맹이 친구야, 너는 속은 거야,

미국 사회의 퇴조에 대해 깊이 우려한 메릴랜드 주 엘리커트 시의 진 롤노스키는 2006년 8월 31일자《USA 투데이》에 기고했다. "이 나라에서 우리의 전통적인 가치들이 이미 크게 훼손되고 있다. 이제는 IAU조차 태양계의 전통적 체제를 엉망으로 만들고 있다. 도대체 언제까지 이럴 셈인가? 이번 명왕성 판결은 파기되어야 한다. 우리는 전통을 수호해야 한다."

명왕성의 정신 건강에 대해 깊이 우려한 일리노이 주 바튼빌의 말라 워런은 2006년 8월 28일자《뉴욕 타임스》에 호소했다. "명왕성에게서 행성 지위를 박탈해야 한다는 논리는 수긍할 수 있다. 하지만 명왕성의 외모를 비하하면서까지 낙인을 찍을 필요가 있었을까? 어떤 천체에게 '왜소'하다고 말하는 것은 자존심에 상처를 줄 수 있다. 그러므로 좀 더 긍정적인 분류 방식을 제안하는 바이다. 예를 들어, 보조 행성, 견습 행성, 또는 훈련 행성이라고 부르면 어떨까."

세간의 많은 의혹에도 불구하고 IAU 투표 결과와 나는 아무런 이해 관계가 없다. 이미 설명했다시피, 2억 3000만 달러가 투입된 뉴욕 시의 로스 지구 및 우주 센터의 태양계 전시 방식은 전시 대상이 공식적으로 행성인지 여부와는 전혀 상관이 없었다. 따라서 전시의 주제나 설계 역시 프라하에서 어떤 결정이 내려졌건 간에 별로 영향 받을 일이 없었다.

재차 강조하지만, IAU는 대중적 관심이 뜨겁든 아니든 간에 과학적 개념 그 자체에 대해서는 일반적으로 찬반 투표를 하지 않는다. IAU 투표는 천체의 명명법처럼 서로의 소통을 위해 명확하게 통일된 규칙의 필요성이 인정되는, 즉 논란거리가 안 되는 사항들을 대상으로 한다. 과학은 민주주의가 아니다. 종종 인용되는 말처럼(그리고 갈릴레오가 그 출처로 알려진 말이기도 하다.), 1,000명의 권위를 내세운다 해도 단 한 명의 진솔한 논증을 이길 수 없다. 그러나 명왕성 강등에 대한 IAU의 투표는 분명히 민주적 방식처럼 보였다. 투표 직후에 많은 행성 과학계 사람들이 항의했다. 일부는 항의의 근거로 투표에 참가한 424명의 천체 물리학자들이 총회에 참가한 2,000명 이상의 천체 물리학자들이나 또는 1만 명이 넘는 전 세계 IAU 회원들을 대표할 자격이 없다는 점을 들었다. 또 다른 사람들은 결의안 초고를 심사숙고하기에 충분한 시간이 회원들에게 주어지지 않았다고 불평했다.

한편 일부 사람들은 실제로 사이크스(그림 4.7)의 주도하에 IAU 투표에 항의하자는 온라인 청원서를 즉각 국제 과학계에 회람했다. 아래에 전문이 소개된 이 청원서는 그 간결함에 있어서 가히 타의 추종을 불허한다.[2]

IAU의 행성의 정의에 항의하는 청원서

우리는 행성 과학자이자 천문학자로서 IAU의 행성 정의에 동의하지 않으며 이 정의를 사용하지도 않을 것이다. 좀 더 나은 정의가 수립될 필요가 있다.

IAU의 투표가 있고 나서 5일간에 걸쳐 서명을 받은 결과, 304명의 과학자들이 동참했다. 그다음 날인 2006년 8월 31일, 청원자들은 서두부터 투쟁을 예고하는 보도 자료를 배포했다.

상당수의 행성 과학자들과 천문학자들이 IAU가 채택한 행성의 정의뿐만 아니라 그 정의를 수립하는 과정이 근본적으로 잘못되었다는 문제 제기를 위해 서명했다.

그런 다음 서명자들의 화려한 행성 과학 분야 경력을 깨알같이 열거하고 나서, 행성의 정의를 새롭게 수립하기 위한 작업을 밑바닥에서부터 모든 가능성을 열어두고 추진하자고 제안했다. 마지막으로

6 명왕성 최후의 날

"승자를 가리는 게 아닌 합의된 결론을 인정하는" 학술 회의를 통해 이 사안을 종결짓겠다고 선언했다. 보도 자료는 애리조나의 행성 과학 연구소와 콜로라도의 사우스웨스트 연구소의 이름으로 발표되었다.

궁극적으로 이 청원서의 운명이 어떻게 될지 누가 알겠는가? 2006년 프라하의 IAU 총회에서 청원서의 서명자들보다 더 많은 사람이 명왕성의 행성 지위에 반대하는 투표를 했다. 대다수 청원자들이 내세운 논리는, 투표에 참가한 424명은 전 세계 천문학자의 4퍼센트에 불과한데, 어떻게 이들의 의견이 천문학계 전체를 대표한다고 할 수 있는가였다. 표면적으로 이런 주장은 설득력이 있어 보이지만, 대부분의 여론 조사 기관들은 조사 표본이 전체 대상의 4퍼센트에 이른다면 기뻐서 춤을 출 것이다.

따라서 질문을 아래와 같이 바꿔야 한다. 만약 전 세계 천문학자들을 대상으로 여론 조사를 했을 때 그 결과가 실질적으로 달라질 확률은 얼마나 될까? 계산을 해 보면 투표의 표본 오차가 3퍼센트 이하인데, 이는 천문학자 전체가 투표했을 때의 결과가 프라하에서 얻은 결과와 3퍼센트 이내의 차이로 일치할 확률, 즉 신뢰 수준이 95퍼센트(통계학 용어로는 2 시그마 혹은 표준 편차)라는 뜻이다. 이 계산 과정은 424명의 과학자들을 무작위 표본이라고 가정했다. 명왕성의 행성 지위 지지자들이 일반적으로 반대자들보다 더 열성적으로 의사 표현을 한다는 점만 제외하면 무작위 표본이 아니라고 가정할 이유는 없다. 따라서 프라하에서 행성 지위 박탈을 지지했던 90퍼센트는 IAU 전체 회원을 대상으로 했을 때 예상되는 결과보다 오히려 더 낮은 수치일 수 있다.

이 문제를 다른 측면에서 보자면 이렇다. 청원서에 서명한 사람들이 프라하에서 명왕성의 행성 지위 유지를 지지했던 10퍼센트와 전혀 겹치지 않는다고 가정해 보자. 물론 이것은 사실이 아니지만, 숫자가 말해 주는 진실에 관한 극단적이지만 중요한 관점을 보여 준다. 프라하에서는 오직 마흔두 명만이 명왕성의 행성 지위를 지지했다. 그 숫자를 청원서에 서명한 350명에 더하면 명왕성의 행성 지위 지지자의 수가 전 세계를 통틀어 약 350명이라는 결론에 도달한다. 이 숫자는 전 세계 천체 물리학자들의 3.5퍼센트에 불과하다. 물론 어떤 안건에 대해 지지하는 투표가 반대하는 투표와 배경 조건이 동등하지는 않다. 아마 대부분의 천체 물리학자들은 이 문제에 가타부타 의견을 표명할 만큼 관심을 갖고 있지 않을 것이다. 미국 대중의 마음과 영혼을 사로잡고 있는 명왕성의 위상에 대해 설명한 2장에서 언급했다시피, 그 같은 현상은 전문가 집단에서도 마찬가지인 듯하다. 전 세계에 회람된 사이크스 청원서의 서명자 중에서 겨우 스무 명(약 6퍼센트)만 미국이 아닌 외국 기관 소속이었다. 그런데 IAU 회원 중에서는 비미국인이 3분의 2 이상을 차지한다.[3]

이 분석 결과에 상관없이, 사이크스의 요구는 반대자와 찬성자 사이에 합의를 도출하자는 것이었다. 청원서를 IAU 투표 결과와 직

6 명왕성 최후의 날

접 맞붙게 하는 대신에 말이다. 그리고 그러한 합의에 이를 때까지는 누구도 어떤 정의도 내려서는 안 된다는 것이었다.

7
왜소 행성이 된 명왕성

세상은 명왕성의 새로운 왜소 행성 지위를 두고 계속 말들이 많았다. 마치 IAU의 투표일 다음 날인 2006년 8월 25일이 행성 달력의 신기원으로 선포되어 그날 이전의 모든 날들은 BD(Before Dwarf, 왜소 행성 이전)이고 그 이후의 모든 날들은 AD(After Dwarf, 왜소 행성 이후)가 되기라도 한 것처럼.

IAU의 투표가 있은 후에, 빌 나이는 곧바로 내 이메일 수신함에 사태의 추이에 대한 상세한 소식을 전해 주었다.

명왕성을 '왜소 행성'으로 부르자는 IAU의 현 제안은 헛수고일 수밖에 없는데, 명왕성 같은 천체가 행성이 아니라고 설명하기 위해 도입된 명칭에 '행성'의 단어가 등장하기 때문이다. 아마도 너무 많은 사람의 비위를 맞추려다가 자가당착에 빠진 듯.

비록 IAU의 의도는 세간의 추측과 달랐지만, 빌 혼자만 그런 오해를 했던 것은 아니었다. 사실 IAU는 '왜소'라는 단어를 천체 물리학자들이 (크기는 작지만 그래도 은하인) 왜소 은하와 (크기는 작지만 그래도 별인) 왜성에 사용하듯이 여기에서도 사용했다. 그래 봤자 무슨 소용이랴. 누가 봐도 IAU가 명왕성을 행성 자리에서 쫓아낸 셈이 되었으니 말이다.

이 소동의 와중에 가수 겸 작곡가 조너선 쿨턴은 「나는 그대의 달(I'm Your Moon)」이라는 제목으로 마치 카론이 사랑을 담아 부르는 양 작사된 명왕성 헌정가를 올렸다.[1] (가사 전문은 부록 C 참조) 이 노래는 명왕성에 고리가 없다는 사실을 지적하면서 시작된다. 비록 행성의 자격 조건에 고리가 포함되지는 않지만 이건 그저 군불을 지피는 단계일 뿐이다.

> 그들은 어떻게든 이유를 꾸며냈지요.
> 그래서 뒷맛이 쓰다니까요.
> 그들은 그대가 중요하다고 생각지 않아요.
> 왜냐하면 그대에게는 어여쁜 고리들이 없으니까요.

그런 다음에 입씨름하는 천문학자들의 오만한 행동을 시적으로 고발한다.

그들더러 숫자하고 씨름이나 하라고 해요.
왔다가 다시 떠나 버릴 그들을 지켜보자고요.
여기 머무르는 건 우리잖아요.
그들이 아는 한계 너머에서 말이에요.

후렴에서는 태양계 위성들 중에 카론이 명왕성과 크기에 있어서 가장 근접하기 때문에 카론 역시 명왕성을 자신의 달로 애틋하게 여긴다는 중요한 사실을 포착하고 있다.

나는 그대의 달.
그대는 나의 달.
우리는 한없이 돌고 돌아요.
머나먼 이곳에서는,
바로 나머지 세상이지요.
그토록 작아 보이는 것은.

한창 로맨스가 꽃피는 중에 쿨턴은 냉정하게 현실을 일깨운다.

태양이 떠봤자 소용없거늘.
머나먼 여기는 너무 추워요.
얼어붙은 침묵과 어둠에 잠긴 하늘

「왜소 행성이 된 명왕성」

또 한 해가 지나가네요.

이 노래에서 내가 가장 좋아하는 부분은 자기 요법 심리 치료 중에 일어날 법한 대화를 연상시킨다.

약속해 주세요. 항상 기억하겠다고,
그대가 누구인지.
그대가 누구였는지.
이제 더 이상 아니라고 그들이 말하기 오래전의 그대를.

이 노래의 가사는 생명이 없는 두 천체들이 주고받는 대화치고는 정말 심금을 울린다고 단언할 수 있다.

명왕성으로부터 영감을 얻은 또 다른 노래에는 「명왕성은 이제 행성이 아니라네(Pluto's Not a Planet Anymore)」라는 소박하고 단순한 제목이 붙여졌는데(가사의 전문은 부록 D 참조) 제프 몬댁이 알렉스 스탱글과 함께 만들었다.[2] 몬댁은 일리노이 주 샘페인에 사는, 어린이를 위한 시인이자 작곡가이며 일리노이 대학교 교수다. 스탱글은 온타리오 주 피터보로에 사는 가수 겸 작곡가, 음악가, 음악 감독이다. 이 둘은 전에도 여러 노래를 함께 작업했다. 그들이 「명왕성은 이제 행성이 아니라네」를 작사 작곡하게 된 계기는 일리노이 주 샘페인에 있는 박스톨(Barkstall) 초등학교 학생들의 제안이었다고 한다.

곡은 경쾌할 뿐만 아니라, 귀에 착착 달라붙는 관용구들을 활용하고 있는데, "명왕성은 이제 행성이 아니라네." 같은 구절이 여러 번 반복되다 보니 초등학생 반 전체가 젖 먹던 힘을 다해 합창하는 소리가 거의 들리는 것 같은 느낌마저 든다. 여기에 내가 좋아하는 두 단락을 소개한다.

천왕성이 유명할지 모르지만
수성은 뜨겁게 타오른다네.
한때 명왕성은 행성이었지만,
어쩌다가 지금은 행성이 아니라네.

해왕성은 불안하고, 토성은 슬프다네.
그리고 펄펄 뛰어다니는 목성은 활활 화가 났다네.
우리가 가졌던 아홉 중에 여덟만 남았다네.
명왕성은 이제 행성이 아니라네.

노래는 단순하면서 재치 넘치는 운율을 맞추면서 끝을 맺는다.

그들은 프라하에서 만나 투표했었지.
이제 명왕성은 강등되었지.
아, 명왕성은 이제 행성이 아니라네.

ㄱ 왜소 행성이 된 명왕성

작곡가들이 의인화한 왜소 행성으로부터 음악적 영감을 얻는 것 다음으로, 어떤 특정 주제가 또는 어느 주제를 막론하건 간에 대중 문화의 영역으로 진입했다는 사실을 알려 주는 최상의 조짐은 그 주제가 유머 작가의 코미디 소재가 될 때다. 농담은 듣는 사람들 모두가 기본적 내용을 이미 다 알고 있어서 맥락을 설명해야 하는 부담 없이 작가가 오로지 참신한 희극적 경관의 제공에 집중할 때만 재미있는 법이다. 행성인 수성에 대해 무릎을 탁 칠 만큼 기막힌 농담이 있을까? 또는 해왕성은? 태양에 가장 가까운 항성계인 센타우루스자리 알파별은? 이 천체들에 대한 농담을 들은 적 있다고 도저히 말 못 하겠다. 하지만 학식 높은 과학자들께서 명왕성의 지위를 둘러싸고 논쟁을 벌이면서 마치 어린애들처럼 구는 모습에 유머 작가들이 풍자의 욕구를 어찌 억누를 수 있으랴? 그리고 설사 유머 작가가 아니더라도 행성이면서 행성이 아닌, 개이면서 졸개(underdog)인, 그리고 얼음 공인 명왕성을 장난스럽게 의인화하고 싶은 유혹을 어찌 마다할 수 있을까?

언론 매체의 헤드라인을 통해 이미 보았듯이, 명왕성의 행성 자격 박탈을 둘러싼 논쟁은, 과학계의 문제였을 뿐만 아니라, 정당 정치, 경제 불평등, 사회 문제, 교육 정책, 심지어 맹목적 애국주의까지 뒤얽힌 문화사적 사건이었다. 명왕성은 우리 자신이 무엇인지 들여다보는 창이 된 것이다.

그림 7.1. 《하트퍼드 쿠랜트(*Hartford Courant*)》의 만평가 밥 엥글하트는 '가장 멀리 있는 행성' 경연을 활용해 보편적인 정치적 메시지를 전하고자 했다. "지구에서 가장 멀리 있는 새로운 행성의 이름은?" "수성, 금성, 지구, 화성, 토성, 목성, 천왕성, 해왕성, 명왕성, 카론, 세레스, 워싱턴 D.C." (가장 멀리 있는 행성 목록에 '워싱턴 D.C.'를 포함시킴으로써 지구의 현안들로부터 가장 동떨어져 있는 정치권을 비꼬는 의미를 담았다. — 옮긴이)

7 왜소 행성이 된 명왕성

　　지역 의회 의원들께서 할 일이 무척이나 없었는지 최소 두 곳의 주 의회가 명왕성 문제에 직접 관여하기로 결정했다. 뉴멕시코 주는 명왕성 발견자 클라이드 톰보가 오래 살았던 곳이고, 청명한 하늘 덕분에 세계적 수준의 천체 관측 시설들인, 아파치 포인트(Apache Point) 천문대, 극대 배열 전파 망원경(Very Large Array, 지름 25미터의 전파 망원경 27기로 구성되어 있으며 미국 국립 전파 천문대의 일원이다. 1997년에 개봉된 영화「콘택트」에서 외계인 신호가 처음 탐지되는 장소로도 등장했다. ─옮긴이), 맥덜리나 리지(Magdalena Ridge) 천문대, (우연찮게도 뉴멕시코 주 '태양 흑점(Sunspot)' 마을에 위치한) 국립 태양 천문대(National Solar Observatory)가 자리 잡은 곳이기도 하다. 뉴멕시코 주 의회는 IAU가 부당하게 명왕성을 모욕했고, 명왕성과 인연이 있는 자신들의 위대한 주 역시 결과적으로 모욕당한 셈이 되었다고 판단했다. 2007년 3월 8일, 48대 뉴멕시코 주 의회는 요니 마리 구티에레 주의원이 발의한 법안에 근거해서 주 경계 안에서는 명왕성이 행성이라고 선언하고 2007년 3월 13일을 주 전체에 '명왕성 행성의 날'로 선포하는 상하원 공동 발의안을 통과시켰다. (전문은 부록 G 참조)

　　이 법안이 전적으로 시시콜콜한 불평만으로 채워져 있지는 않다. 으레 따라붙는 "왜냐하면 ……"으로 시작하는 단락 중 일부는 꽤 유용한 천문학적 정보를 담고 있다.

왜냐하면, 명왕성은 75년 동안 행성으로 인정받아 왔기 때문이다. 그리고

왜냐하면, 명왕성의 평균 궤도는 태양에서 5,948,050,000킬로미터 거리에 있으며 지름은 대략 2,300킬로미터이기 때문이다. 그리고

왜냐하면, 명왕성은 카론, 닉스, 히드라로 명명된 세 개의 위성을 가지고 있기 때문이다. 그리고

왜냐하면, 뉴 호라이즌스라는 우주선이 2015년에 명왕성을 탐사하기 위해 2006년 1월에 발사되었기 때문이다.

그런데 궁금한 점이 있다. 만약 뉴멕시코 주의 어느 공공 장소에서 "명왕성은 행성이 아니다!"라고 소리친다면 혹시 체포되는 걸까?

캘리포니아 주는 명왕성 관련 법안 제정에 있어서 뉴멕시코 주보다 훨씬 발 빠르게 행동했다. 그곳 주 의회는 명왕성 강등 투표가 프라하에서 실시되고 사실상 채 몇 분도 지나지 않았을 2006년 8월 24일에 이미 법안을 발의할 태세가 되어 있었다. 결국 통과되지는 못했지만, 열성 넘치는 주 의회 하원 의원 키스 리치민과 조지프 캔시어밀러에 의해 법안이 제출되었다. 법안 HR36(전문은 부록 H 참조)은 IAU를 "비열하다."라고 규정하고 명왕성의 행성 지위를 박탈한 IAU의 결정이 캘리포니아 주의 주민과 주 정부의 "장기적 재정 건전성"에 끼치는 "가공할 충격"에 대해 공식적으로 규탄한다.

캘리포니아 주민에게 끼치는 가공할 충격이라니? 그에 대한 모든

7 왜소 행성이 된 명왕성

설명은 연이어 등장하는 "왜냐하면⋯⋯"의 단락이 고이 품고 있다.

왜냐하면, 명왕성의 지위 격하는 우주에서의 자신의 위치에 대해 의문을 품거나 우주 상수들의 불안정성에 대해 우려하는 일부 캘리포니아 주민에게 심리적 상해를 끼칠 것이기 때문이다.

캘리포니아의 재정 건전성? 그것도 캘리포니아 교육 체계와 엮어서 그럴듯하게 포장되어 있다.

왜냐하면, 행성 목록에서 명왕성의 삭제는 수백만 권의 교과서, 박물관 전시물, 그리고 집집마다 냉장고 문을 장식하고 있는 아이들의 예술 작품을 폐기 처분하게 만들고, 이는 고갈되어 가는 제안 98호 교육 자금에서 지원해야 하는 상당한 '재정 지원 없는 위임 명령 (unfunded mandate, 연방 정부가 재정 지원은 하지 않으면서 주 정부나 지방 정부 혹은 민간 영역에 부과하는 의무 지출. ─ 옮긴이)'의 적용 대상이 되게 함으로써 캘리포니아의 아동들에게 위해를 입히고 재정 적자를 확대하는 결과를 초래하기 때문이다.

비리 정치는 어떨까?

왜냐하면, 명왕성의 강등은 의회 지도자들이 선거구 개정 법안이나 기타 반갑지 않은 정치 개혁 법령을 숨기는 데 이용할 수 있는 행성의 개수를 감소시키기 때문이다.

그리고 미키마우스의 반려견도 그냥 지나칠 수 없다.

왜냐하면, 명왕성(플루토)은 로마 신화의 지하 세계의 신의 이름을 따라 명명되었지만, 캘리포니아에서 가장 유명한 만화 주인공 강아지와 다정하게 이름을 공유함으로써 캘리포니아의 역사 및 문화에 대한 특별한 인연을 보여 주고 있기 때문이다.

자기네 주 의회와는 달리 캘리포니아 주 버뱅크에 있는 디즈니 사는 명왕성의 왜소 행성으로의 강등을 품위 있고 초연하게 받아들였다. 일곱 명의 난쟁이들(애초부터 난쟁이였던)이 발표한 것처럼 보이는, 「행성에서 강등되기는 했지만, 플루토(명왕성)는 여전히 디즈니의 '스타 견공'이다(Despite Planetary Downgrade, Pluto Is Still Disney's 'Dog Star')」라는 제목의 공식 내부 문건에서, 난쟁이들은 힘든 순간에 처한 명왕성을 위로해 준다.[3]

누군가를 **화나게** 했고 또 다른 누군가를 그저 **지루하게** 만들었던 플루토(명왕성)의 왜소 행성으로의 강등이 우리에게는 **어리석어** 보이지만, 만약 디즈니의 플루토가 여덟 번째 난쟁이(영어로 왜소 행성을 의미하는

dwarf는 '난쟁이'의 의미로도 사용된다. ― 옮긴이)로 우리에게 합류한다면 진심으로 **환영**한다고 **거리낌** 없이 말할 수 있다. 이것이야말로 지금 플루토(명왕성)에게 절호의 기회일 수 있으므로 **코웃음 칠** 일이 전혀 아니라고 생각한다.

디즈니의 문건은 계속된다.

> 미키마우스의 충성스러운 동반자인 플루토는 과학자들이 아홉 번째 행성이라고 확신했던 명왕성을 발견한 연도와 동일한 1930년에 데뷔했다. 디즈니의 대표 견공과 가까운 사이인 흰 장갑과 노란 신발 차림의 한 소식통은 다음과 같이 전했다, "이건 정말 말도 안 돼요. 플루토는 가끔 달을 향해 짖을 때 말고는 천문학에 관심을 가진 적이 전혀 없거든요."

견공 구피(Goofy)와 달리, 견공 플루토는 반려견이므로 말을 못 한다는 사실을 상기하라. 즉 플루토는 달을 향해 짖을 뿐, 언론 매체의 질문에 적절한 대응을 하지 못한다는 사실을 은연중에 시사하고 있다.

ㄹ

미국 동북부 사람들에게 캘리포니아 주민들의 행태는 항상 어딘가 좀 이상해 보인다. 명왕성 강등에 대한 투표가 있고 나서 캘리포니아 공과 대학 신문은 패서디나의 거리에서 벌어진 색다른 행렬에 대해 보도했다.[4]

행성 장례식

고개를 푹 숙이고, 검은 상복의 추모객들과 재즈 밴드를 동반한 여덟 행성들은 제30회 연례 '패서디나 두 다 퍼레이드(Pasadena Doo Dah Parade, 매년 패서디나에서 개최되는 전통적 로스 퍼레이드에 대한 저항적 대안으로서 1978년에 창설된 익살맞고 현란한 퍼레이드. ─ 옮긴이)'에서 죽은 명왕성을 위한 뉴올리언스 식 장례 행렬을 따라 행진했다. 1,500명이 넘는 퍼레이드 참가자들 중에는 '마칭 럼버잭스(Marching Lumberjacks, 훔볼트 주립 대학교의 학생 행진 밴드로서 벌목꾼의 복장이 유니폼이다. ─ 옮긴이)', 힌두 요가 지도자 라메시(Ramesh), 라엘리안(Raelian, 1974년에 창설된, 외계인 관련 종교 단체. ─ 옮긴이) 신봉자들, 조르디안 님프 뱀 여성들(Zorthian Nymph Snake Sisters, 캘리포니아 거주 아르메니아 예술가인 조르디안은 매년 자신의 생일 파티에서 모델들을 님프로 변장시켜서 뱀을 몸에 감고 춤을 추게 했다고 한다. ─ 옮긴이), 그리고 '한량들(The Men of Leisure)' 및 그들의 '동기화 낮잠 팀(Synchronized Napping Team, 베개를 들고 행진하다가 동시에 갑자기 길에 누워 잠들어 버리는 척하는 등, 수면과 연관된 동작을 공연하는 팀. ─ 옮긴이)'이 있었는데 그들은 행진 도중에 길에 드러눕기 위해 가끔씩 멈추었다.

7 왜소 행성이 된 명왕성

행진 참가자들은 덮개 없는 관에 실려 가는 명왕성에 애도를 표하고 있었다.

이 퍼레이드에 참가하기 위해 훔볼트 카운티에서 1,130킬로미터를 운전해 온 마칭 럼버잭스 단원 캐롤린 와이네큰은 관에 실린 종이 모형 명왕성을 보며 감탄했다. "와, 굉장하네요! 이런 행사는 정말 멋질 뿐만 아니라 또 필요하다고 생각해요."

퍼레이드에서 각 행성은 캘리포니아 공과 대학 캠퍼스 구성원들이 분담해서 맡았다. 이 기사에 따르면, 토성과 지구는 심지어 끈끈한 인맥으로 연결되어 있었다.

많은 고리들을 달고 행진한 제트 추진 연구소의 박사 후 연구원 앤젤러 태너가 맡은 토성은 이 장례 행렬을 진두 지휘하면서 동료 행성들 대부분의 심정을 대변하기도 했다. "대부분의 천문학자들은 명왕성을 행성으로 여기지 않지만 그래도 모두 그리워는 하거든요." 하지만 일부 행성들은 압력에 의해 어쩔 수 없이 행렬에 참가했다고 한다. 트럼펫을 불던 지구(서맨서 롤러)가 실토했듯이, 토성이 "내 추천서를 써 주는데 선택의 여지가 없잖아요."

캘리포니아 공과 대학의 행성 천문학 교수 마이클 브라운도 행렬에 참가했는데, 최근 자신이 발견한 카이퍼대의 여왕 격인 에리스로 분장한 딸 라일라도 당연히 데리고 나왔다.

ℙ

2006년 8월 17일, 《피츠버그 포스트가제트(*Pittsburgh Post-Gazette*)》의 브라이언 오닐은 명왕성의 강등과 관련한 비화로서 「명왕성, 이건 자네에게 기회야(We See It as an Opportunity, Pluto)」라는 제목의 짧은 기사를 실었다.[5] 기사는 명왕성에게 행성에서 강등되었다는 소식을 전하는 천문학자-매니저와 명왕성 사이의 가상 대화의 형식으로 기술된다.

"어이, 명왕성, 오늘 와 줘서 고맙네. 자리에 앉지."

"아닙니다. 그냥 서 있고 싶어요."

"좋도록 하게, 플루트(Ploot, 배변과 관련된 비속어. ─ 옮긴이), 자네를 '플루트'라고 불러도 되겠지. 태양계를 좀 변화시킬까 하는데 자네가 중요한 역할을 맡게 될 것 같아."

"정말요? 하얀 실험실 가운을 입은 선생님 같은 훌륭한 분이 하시는 일이라면 당연히 해야지요. 그렇지 않아도 한 100~200년 전 해왕성을 지나치면서 서로 이야기했는데, 선생님들이 아니었으면 지금 저희는 아무 데도……."

7 왜소 행성이 된 명왕성

"아, 물론 그렇지, 아무튼 이건 자네와 해왕성과 그 밖에 다른 천체들에 관한 거야. 국제 천문 연맹에 있는 우리끼리 몇 사람이 모여 결정했는데, 말하자면 자네는 수성이나 화성 같은 작자들과 어울리기에는 너무 특별하다는 거야."

천문학자들이 명왕성에게 다른 동료 행성들과 처지가 다르다는 점을 주지시키려고 애쓰는 이 대화의 의도는 사실 뻔하다. 결국, 직장에서 흔히 목격하게 되는 구태의연한 장면으로 끝을 맺는다.

"이봐, 플루트, 기분 상한 건 아는데, 하지만 이건 사실상 그냥 수평 인사 이동일 뿐이지 결코 좌천이 아니야. 자네는 아직 우리 태양계의 중요한 일원이고 자네와 팀원이 될 만한 비슷한 크기의 다른 천체들도 찾아보는 중이라네."

일부 풍자꾼들은 명왕성 강등 이야기를 모태로 문화계의 우상들을 풍자하고자 했다. 메이저리그 야구의 공식 홈페이지 MLB.com의 기획 보도 편집자 마크 뉴먼은 명왕성이 강등된 날에 「마이너리그로 쫓겨난 명왕성: 왕년의 행성이 빈약한 체구 때문에 불이익을 당했다고 팬들이 불만을 토로하다(Pluto Sent Down to the Minors: Former Planet Hurt by Lack of Size, Disgruntled Fan Base)」라는 제목으로 기사를 올렸다.[6] 메이저리그 야구 홈페이지 사상 유례가 없는 많은 양의 과학 정보를 포함한 장문의 기사에는 야구팀 구성에 필요한 아홉 명의 선수들에 비유해서 아홉 행성들의 타순에 대한 설명이 포함되어 있다.

(명왕성은) 선두 1번 타자로서 항상 주목받는 수성은 결코 될 수 없었다. 금성은 팀에 대한 애정과 희생 정신의 화신이므로 태생적으로 2번 타자였다. 지구는 원조 3번 타자로서 판타지 게임(게임 참가자는 사이버 스포츠 팀의 매니저 역할을 하며 실제 활동하는 선수들의 경기 성적을 바탕으로 사이버 팀의 진용을 결정하는 온라인 스포츠 게임. ― 옮긴이)의 궁극적 선택이자 대중이 가장 선호하는 타자였다. 화성은 종종 두려움의 대상인 육중한 붉은 타격 기계이니 무슨 말이 필요하랴. 목성은 공을 때리기에 가장 좋은 자리를 항상 차지한다. 타순에 토성이 들어 있으면 항상 링(ring)이 된다. (링(ring)에는 '고리'라는 뜻과 권투나 레슬링의 경기장 또는 결투장이라는 뜻이 있다. ― 옮긴이) 팀의 장난꾸러기 천왕성은 흥을 돋우기 위해 항상 팀원들을 놀려먹곤 했다. 맨 마지막 타자인 명왕성은 해왕성을 앞질러 뛰려고 매번 기를 썼다. 타원 궤도 덕분에 명왕성은 궤도의 일부 구간에서 해왕성보다 태양에 더 근접할 수 있었다. 그러나 (1846년에 발견된) 노련한 베테랑 해왕성은 풋내기에게 결코 추월을 허용하지 않았다. 사실, 명왕성에게 진정한 의미로 승산은 전혀 없었다. 더구나 성정이 차갑기까지 한 이 애송이는 자기 PR조차 서툴렀다.

《보스턴 글로브》의 스포츠 기고가 댄 쇼네시는 레드 삭스 팀의 타격왕 마누엘 '매니' 라미레즈를 명왕성과 비교할 수 있는 기회를 마다하지 않았다. 2006년 8월 27일자의 기사는 다음과 같다.[7]

프라하에서 열린 국제 천문 연맹 총회로부터 어제 추가적인 소식이 있었다. 논란을 불러일으킨 명왕성 강등에 대한 결정에 이어서, 천문학자들은 공식적으로 행성 매니(Manny)를 우리의 태양계의 새로운 아홉 번째 천체로 인정하기로 결의했다. 당연한 귀결이다. 매니 행성은 자신만의 궤도에서 활동하면서 먼 우주 공간으로 야구공들을 날려 보낸다. 더구나 명왕성과는 달리 누가 봐도 그는 왜소 행성 감은 전혀 아니다.

(라미레즈는 1993년부터 2011년까지 메이저리그 선수 생활을 하면서 엄청난 타격 기술과 힘으로 통산 555개의 홈런을 기록해서 역대 15위의 순위에 올랐고 특히 보스턴 레드 삭스의 2004년 월드 시리즈 우승을 이끌면서 MVP로 선정되었다. — 옮긴이) 스포츠 주제로 계속하자면, 2006년 9월에 뉴욕 니커바커(Knickerbocker) 농구팀, 즉 '닉스(Knicks)'의 경기 성적이 너무 형편없자 온라인《보로위츠 리포트(Borowitz Report)》의 정치 풍자가 앤디 보로위츠는「과학자들이 닉스는 더 이상 농구팀이 아니라고 말하다: 프라하 총회는 뉴욕 팀을 난쟁이 팀 지위로 강등시키다(Scientists Say Knicks Are No Longer a Basketball Team: Prague Conference Demotes New York Team to Dwarf Status)」라는 제목으로 명왕성에 빗대어 말하고 싶은 유혹을 참지 못했다.[8] 이 단편 기사는 팬들의 끓어오르는 불만을 전달하기 위한 도구로 학술적 풍자를

활용한다.

과학자들이 모여 명왕성은 결국 행성이 아니라는 결론을 내린 지 불과 몇 주 만에 동일한 과학자들이 오늘 프라하에 다시 모여서 뉴욕 닉스는 농구팀이 아니라고 선언했다. 스포츠팬들은 지난 몇 시즌에 걸쳐 애초에 닉스를 NBA 팀으로 규정한 결정이 잘못되었을지 모른다는 의혹을 품어 왔지만 오늘 과학자들의 선언으로 말미암아 더 이상 의혹이 아닌 사실로 판명난 듯 보인다.

여기서부터는 닉스를 명왕성으로, 농구팀을 행성으로 바꿔 넣으면 실제 과학적 논쟁이 어떻게 전개되는지를 엿볼 수 있다.

"비록 뉴욕 닉스가 농구팀에 걸맞은 자질을 일부 보유하고 있으나 닉스는 본질적으로 농구팀과는 전혀 다르다는 결론에 도달하게 되었습니다."라고 도쿄 대학교의 히로시 교스케 박사는 말했다. "이제 닉스는 난쟁이 팀이라고 부르는 것이 좀 더 정확할 것입니다." 교스케 박사에 따르면, 과학자들이 오랫동안 닉스를 농구팀으로 가정했던 것은 "이해할 만하다."라고 했다. 왜냐하면, 닉스가 얼핏 보기에 일사불란하게 농구 경기장을 움직여 다니거나 주황색 둥근 물체를 집어 던지는 등, 농구팀과 유사한 행동을 보여 주었기 때문이라는 것이다.

그런 다음 보로위츠는 정곡을 찌른다.

"그러나 닉스는 모든 농구팀에 공통되는 두 가지 특성을 보여 주지 못했습니다."라고 교스케 박사는 덧붙였다. '득점과 승리.' 뉴욕에서 닉스의 코치 아이재이어 토머스는 난쟁이 팀으로의 지정이 닉스와 같은 리그 팀에게는 의외의 기회가 될 수 있다고 말하며 닉스의 달라진 위상을 환영했다. "이로 말미암아, 이제부터 실제 난쟁이들을 상대로 경기를 할 수 있게 된다면 어쩌면 우리도 드디어 승리하게 될지, 누가 압니까."

스포츠만으로는 성이 안 찼는지, 그로부터 한 달 뒤에 보로위츠는 「과학자들이 부시 정부를 난쟁이 지위로 강등시키다. 백악관은 새로운 분류 방식에 따라 명왕성에 합류하다(Scientists Demote Bush Presidency to Dwarf Status: White House Joins Pluto in New Classification)」라는 제목의 기사로 다시 한번 명왕성을 활용해서 이번에는 미국 정부에게 한 방 날렸다.[9] 공화당 정부가 의회 장악에 실패한 2006년 11월의 선거 결과에서 영감을 얻은 그는 다음과 같이 정치권을 조롱한다.

중간 선거의 여파로 …… 과학자들은 부시 행정부가 실제로 여전히 정부로서의 자격이 있는지를 결정하기 위해 오슬로에서 긴급 회의를 소집했다. …… 그러나 대통령의 지지율이 자유 낙하를 하다 보니 회의가 시작되기도 전에 명왕성의 강등과 같은 방식으로 정부를 재분류할 필요성이 명백해졌다. …… 정부의 난쟁이 지위가 의미하는 바는 부시가 "대통령에는 못 미치지만 시장(市長)보다는 좀 낫다."는 것이다.

뉴욕의 무료 주간지 《디 어니언(The Onion)》은 가히 비교 불가다. "미국 최상급 뉴스 공급원"으로 세간의 입에 오르내리는 이 신문의 풍자는 날카롭고 번뜩이는 유머로 배를 잡고 웃게 하지만 형식적으로는 진지하기 이를 데 없는 언론 기사식 문장으로 쓰여 있다 보니 가끔은 혹시 실수로 《뉴욕 타임스》나 《워싱턴 포스트》를 집어온 건 아닌지 재차 확인하게 된다. 《디 어니언》 2006년 12월 18일자 기사에서, NASA는 명왕성에게 IAU의 결정을 알리는 임무를 수행하게 된다.[10]

홍보의 전령사

위문단 탐사선이 명왕성에 대한 통보를 앞두고 준비 태세를 갖추다.

"힘들기는 하지만, 우리로서는 명왕성에게 직접 통보하는 편이 옳다고 생각했다."라고 NASA 수석 엔지니어 제임스 우드는 말했다. "따지고 보면, 명왕성은 76년간 우리 태양계의 아홉 번째 행성이었는데, 지구에서 그냥 전파 통신으로 사무적으로 통보한다는 것은 아무래도 공정치 못한 처사 같았다."

"명왕성은 현재 태양으로부터 56억 킬로미터 이상 떨어져 있다."

7 왜소 행성이 된 명왕성

라고 우드는 덧붙였다. "탐사선 발사만이 명왕성을 더 이상 멀어지지 않도록 하는 최선의 방법이라고 생각되었다."

개인적 감정이나 자부심과 같은 현대적 이슈들을 건드리며 기사는 계속된다.

우드가 말하기를 위문단은 명왕성에게 강등의 이유가 "명왕성의 개인적 행동과는 아무런 상관이 없다."라고 "간곡하게" 호소할 것이라고 했다.

NASA의 과학자들은 위문단 도착 전에 강등에 대한 소문이 명왕성에게 들리지 않도록 예방책을 강구했다. 2015년 7월에 명왕성을 지나가게 되는 뉴 호라이즌스 탐사선은 '전파 침묵(radio silence, 통신 기지국이 안전이나 보안상 이유로 일체의 전파 전송을 중지하는 상태. — 옮긴이)'을 지키도록 지시되었다. 하지만 에리스와 세레스 근방에서는 그들의 소행성에서 왜소 행성으로의 승격을 축하하는 프로그램이 입력되어 있다.

"우리 계산이 정확하다면, 위문단 탐사선은 금요일에 명왕성에 도착할 것이다."라고 우드는 말했다. "이런 문제는 주말 직전에 해결하는 게 항상 좋은 법이다."

IAU의 투표에도 아랑곳하지 않고, 몬태나 주의 그레이트 폴스(Great Falls)에 있는 리버비유(Riverview) 초등학교 4학년인 10세 매린 스미스는 미국 지리학회에서 개최한 경연에 자신의 답을 제출했다.[11] 경연 과제는? 명왕성을 행성의 전당에서 제자리에 복귀시키고, 아울러 대담하게도, 화성과 목성 사이에 위치한 유일한 구형 소행성인 세레스를 위한 단어 및 맨 마지막에 에리스를 위한 단어를 추가해 열한 개-행성 기억법을 고안하는 것이다. 매린은 디즈니의 만화 영화 「알라딘(Aladdin)」의 영향을 짐작케 하는 "정말 멋진 내 마술 카펫이 아홉 마리의 궁전 코끼리들을 태우고 방금 날아올랐다네(My Very Exciting Magic Carpet Just Sailed Under Nine Palace Elephants)"라는 문구로 우승했는데, 이 경연은 《내셔널 지오그래픽》의 『열한 개의 행성들: 태양계의 새로운 개관(11 Planets: A New View of the Solar System)』이라는 책의 출간 예정 타이밍에 맞춰 열렸다.[12] 《어소시에이티드 프레스(Associated Press)》에 따르면, 가수 겸 작곡가 리자 러브는 이 문구로부터 영감을 받아서 제목은 당연히 「정말 멋진 내 마술 카펫(My Very Exciting Magic Carpet)」으로 붙이게 될 곡을 준비 중이라고 한다.

기왕 저항하려면 이 정도로 멋지게 해야 하는 것 아닐까.

ㅁ

천체 물리학자들이 명왕성이라고 부르는 천체를 강등시키는 동안, 설립된 지 100년이 넘은 미국 방언 협회(American Dialect Society)는 영어 단어 pluto의 지위를 동사로 격상시켜서 2006년 제17회 연례 '올해

ㄱ 왜소 행성이 된 명왕성 ㄱ

의 단어'로 선정했다.[13]

to pluto / to be plutoed 국제 천문 연맹 총회에서 명왕성이 더 이상 행성의 정의를 충족시키지 못한다고 결정했을 때, 왕년의 행성 명왕성에게 일어난 상황처럼 어떤 것 혹은 어떤 사람을 강등하거나 평가 절하하는 것을 의미한다.

이 협회 회원들인 언어학자, 문법학자, 그 밖의 잡다한 학자들은 공식적인 칙령을 목적으로 하지 않기 때문에 그냥 재미로 투표한다. 그들의 목표는 언어를 분석하고 사용 경향을 평가해서 새롭게 등장하는 단어들을 영어에 편입시키는 것이다.

살다 보면 이 단어에 해당하는 경우가 종종 생긴다는 사실을 감안할 때, 사전들 역시 조만간 이 새로운 단어를 포함시킬 것으로 예상된다. 또한 단어 plutoed는 비슷하게 정의된 단어 torpedoed(무력화되다, 격침당하다.)와 운율이 맞을 뿐만 아니라 공명을 일으키기까지 한다.

기다렸다는 듯이 NBC 방송국「투나잇 쇼」의 진행자 제이 레노는 2007년 1월 19일 밤을 여는 첫마디로 이 새 단어에 대한 소감을 표명했다.

"그들이 Uranused(천왕성의 영문명 Uranus의 동사형)가 아니라 Plutoed(명왕성의 영문명 Pluto의 동사형)를 선택해서 정말 다행입니다."

이 농담이 청중의 반응을 이끌어내려면, Uranus(천왕성)을 your-anus(네-항문)처럼 '분변학적으로' 발음해야 하는데, 물론 제이는 그렇게 했다.

한편, 돈이나 연애 문제를 스스로가 아닌 우주 탓으로 돌리는 사회 일각의 사람들 사이에서 명왕성 강등에 대한 공식 발표가 점성술에 어떤 영향을 미칠지에 대해 의견이 엇갈렸다. IAU의 투표가 있고 하루 후에《월 스트리트 저널》의 제인 스펜서는「명왕성의 강등이 점성가들을 분열시키다(Pluto's Demotion Divides Astrologers)」라는 제목으로 기사를 올렸다. 널리 회자된 이 기사에서 미국 점성가 연맹(American Federation of Astrologers)과 영국 점성술 협회(Astrological Association of Great Britain)는 확고하게 명왕성을 지지한다고 천명하며, IAU의 반대되는 투표 결과에도 불구하고 이 얼음 공이 완전무결한 행성으로서 우리의 영혼에 강력한 영향력을 행사한다고 주장했다. 그 뒤를 이어 내가 가장 좋아하는 문구가 등장한다.

"그가 행성이건, 소행성이건, 또는 방사능 마초 볼(matzo ball, 유태인의 유월절 명절 음식인 닭고기 수프에 넣는 만두 비슷한 요리. ─ 옮긴이)이건 간에, 명왕성은 모든 종류의 점성술에서 항구적 위치를 차지할 만한 자격이 있다."라고 영성(靈性) 홈페이지 빌리프넷닷컴(Beliefnet.com)의 기고가 셸리 애커먼은 말했다.

1 왜소 행성이 된 명왕성

이 기사에 따르면, 애커먼은 IAU의 결정 과정에 점성가가 포함되지 않은 것을 비난했다고 한다. 아울러, 이 중세 점쟁이들의 하위집단 중 하나인 이른바 소행성 점성가들을 대표하는 플래닛웨이브스닷넷(Planetwaves.net)의 에릭 프랜시스는 "이 순간을 오랫동안 기다려 왔다."라고 말한다. 그는 세레스, 에리스, 카론이 왜소 행성의 반열에 오른 것을 환영하면서, 이 결정으로 인해 점성술 신봉자들이 천궁도 상에서 자기 삶의 통제권을 우주에 맡길 수 있는 방법들이 좀더 다양해졌다고 언급했다.

기사는 《배너티 페어(Vanity Fair)》의 점성가 마이클 러틴이 이 신입 천체들을 참작은 하겠지만 태양계 변두리에 있는 그들의 위치를 감안할 때 우리 일상에 대한 그들의 영향력에 대해서는 회의적이라는 말로 끝을 맺었다. "수요일이 연애 운이 좋은 날인지 UB313은 결코 당신에게 말해 줄 수 없을 겁니다." 사실상 하늘의 어떤 천체도 말해 줄 수 없기는 마찬가지다. 물론 지구를 향하고 있는 소행성이 수요일에 지구와 충돌할 예정이라면 이야기가 달라지겠지만.

제발 아이들더러 딴생각 말고 학교 공부 열심히 하라고 하라.

8

초등학교 교실에서의 명왕성

교육자들을 위한 개인적 권고

그렇다. 이제는 정말로 공식적이다. 명왕성은 2006년 8월에 IAU 총회에서 표결로 결정되었듯이 한참 잘 나가는 행성이 더 이상 아니다. 명왕성은 이제 '왜소' 행성이다.

이렇게 무례할 수가.

표결은 행성 정의 위원회가 제안한, 태양 주위를 도는 둥근 천체가 행성이라고 단순하게 정의한 행성 정의 결의안을 부결시켰다. 명왕성은 둥근 천체다. 따라서 명왕성은 행성이다. '행성'을 정의하기 위한 첫 번째 시도는 비록 목성이 명왕성보다 26만 배 더 크지만 명왕성과 목성을 동격으로 취급해도 좋다는 말처럼 들렸을 것이다. 명왕성 마니아들은 기쁨으로 환호한 지 채 1주일도 지나지 않아 명왕성이 새로운 기준, 즉 적법한 행성은 자신의 궤도 영역에서 압도적인 질량을 차지해야 한다는 기준에 부합하지 못했다는 슬픈 소식을 접해야 했다. 명왕성은 안타깝게도 태양계 변두리에서 수천 개의 다른 얼음 천체들에 둘러싸여 있다.

당혹스럽지만, 행성이라는 용어는 고대 그리스 시대 이래로 정식으로 정의된 적이 한 번도 없었다.

1543년에 니콜라우스 코페르니쿠스는 최신의 태양 중심 우주론을 출간했는데, 이는 방랑자(행성) 분류 지침을 혼란에 빠뜨렸다. 지구는 이제 세상의 중심에 정지해 있지 않고 다른 모든 천체들처럼 태양 주위를 운동하게 되었다. 그 순간부터 줄곧 행성이라는 용어에는 공식적 의미가 전혀 없었다. 천문학자들은 태양 주위를 도는 것은 무엇이 되었건 행성이라고 그냥 암묵적으로 동의했다. 그리고 행성 주위를 도는 것은 무엇이 되었건 위성이었다.

이러한 정의는 천문학적 발견이 시간적으로 동결될 수 있다면 전혀 문제가 되지 않았을 것이다. 그러나 얼마 지나지 않아, 혜성들도 태양 주위를 돌며 오래 믿어 왔던 것과는 달리 지구 대기 현상이 아니라는 것이 알려졌다. 그렇다면 그들도 행성일까? 그건 아니다. 그들에게는 혜성이라는 이름이 이미 주어져 있다. 혜성들은 길쭉한 궤도를 따라 운동하는 얼음 천체들로서 태양에 가까워짐에 따라 증발되는 기체로 이뤄진 긴 꼬리를 펼친다.

화성과 목성 사이의 영역에서 태양 주위를 도는 울퉁불퉁한 암석과 금속의 덩어리는 어떨까? 수십만 개가 그곳에서 돌아다닌다. 그들 각각도 행성일까? 1801년 세레스가 발견되면서 처음에는 행성으로 불렸지만 수십여 개가 더 발견되면서 이 새로운 천체 집단을 별도로 분류할 필요가 있음이 곧 명백해졌다. 이에 따라 그들은 소행성이라고 불리게 되었다.

한편, 수성, 금성, 지구, 화성은 상대적으로 크기가 작고 암석으로 이뤄져 있어서 그들만의 가족을 구성하는 반면, 목성, 토성, 천왕성, 해왕성은 거대하고 기체로 구성되어 있으며 많은 수의 위성을 가지고 있고 고리를 보유한다.

그리고 해왕성 너머에서는 무슨 일이 벌어지고 있는 것일까? 1992년부터 여러모로 명왕성처럼 보이고 행동하는 얼음 천체들이 발견되기 시작했다. 결국, 두 세기 전에 발견된 소행성대와 비슷하게 띠 형태를 가진, 높은 천체 밀도의 또 다른 부동산이 발견되었다. 그 존재를 주창했던 네덜란드계 미국 천문학자 제라드 카이퍼를 기려서 카이퍼대로 명명된 이 영역은 명왕성을 포함하는데 명왕성은 구성 천체 중에서 가장 큰 부류에 속한다. 그런데 명왕성은 1930년에 발견된 이래로 행성으로 불려 왔다. 그렇다면 모든 카이퍼대 천체들도 행성으로 불려야 할까?

행성이라는 단어가 정식으로 정의되어 있지 않다 보니, 이러한 질문들은 행성 열거를 중요하게 여기는 사람들 사이에서 수년에 걸친 논쟁을 불러일으켰다.

넘쳐나는 내 이메일 수신함이 보여 주는 것처럼, 행성을 열거하는 문제는 여전히 초등학교의 주요한 소일거리고 인쇄 및 방송 매체의 깊은 관심사다. 행성의 열거는 태양으로부터 순서대로 행성들을 기억하기 위한 재치 있는 방법을 고안하게 한다. 예를 들어, "교양 많은 우리 엄마가 방금 우리에게 아홉 판의 피자를 내놓았다네." 또는 그 뒤를 잇는 후계자일지 모르는, "교양 많은 우리 엄마가 방금 우리에게 아홉 판의 나초를 내놓았다네." 여기 우리 모두가 친숙해질 수 있는 또 다른 후보가 있다. "교양 많은 우리 엄마가 방금 우리에게 '아뿔싸, 명왕성은 이제 없지.'라고 방금 말했다네. (My Very Educated Mother Just Said Uh-oh No Pluto.)"

이제부터는 어떻게 해야 할까? 이런 훈련을 통해, 행성 이름을 순서대로 암기하는 것이 태양계를 이해하는 지름길이라고 가르침으로써 뜻하지 않게 초등학교 교육 과정이 한 세대 아이들 전체의 지적 성장을 저해하고 말았다. 행성이라는 단어 자체는 여전히 우리의 마음에 의미심장한 감정을 불러일으킨다. 과거에는 그런 심정이 충분히 정당화될 수 있었다. 망원경으로 행성 대기를 관찰할 수 있기 전에는, 우주 탐사선이 행성 표면에 착륙하기 전에는, 얼음 위성들이 천체 생물학자들의 상상력을 불러일으키는 대상이 될 수 있다는 사실을 알기 전에는, 소행성과 혜성의 충돌 역사를 이해하기 전에는 말이다. 그러나 오늘날, 행성을 열거하는 기계적 암기 훈련은 공허하게 들릴 뿐이며, 우리의 우주 환경을 채우고 있는 모든 것에서 도출해 낸 엄청나게 다양한 과학적 경관에 대한 탐구를 방해할 뿐이다.

대신에 다른 특성들에 주목해 보자. 예를 들어, 고리계 혹은 크기, 질량, 구성 성분, 날씨, 물질의 상태, 태양에 대한 근접성, 생성 역사, 또는 해당 천체에 액체 상태의 물이나 액체 상태의 다른 물질이 존재할 수 있는지의 여부에 관심을 가질 수 있다. 이러한 기준들은 말하자면 인구 통계학적 데이터의 절편과 같은 것으로서, 천체가 자체 중력으로 모양이 둥글어졌는지 또는 그 주변에서 이 천체가 유일무이한 독보적 존재인지에 대해 알려 주기보다는, 천체의 신원이나 정체를 더 많이 드러내 준다.

그렇다면 비슷한 특성을 가진 천체들로 구성된 가족의 개념으로 태양계에 접근해 보면 어떨까? 앞서 열거된 특성 중에서 어떤 것을 선택할지는 각자의 몫이다. 폭풍우에 관심이 있다면? 지구와 목성의 두꺼운 대기를 함께 놓고 토론할 수 있다. 오로라는 어떨까? 이 주제는 지구, 목성, 토성을 포함할 수 있는데 이 세 행성은 모두 태양에서 오는 하전 입자들을 극지방으로 유도하는 자기장을 가진 덕분에 극지방 대기가 빛을 발한다. 화산은 어떨까? 여기에는 지구, 화성, 목성의 위성 이오, 토성의 위성 타이탄이 포함될 수 있는데, 특히 타이탄의 화산은 용암이 아니라 얼음을 분출할 가능성이 크다. 변칙적인 궤도들은? 여기에 포함되어야 할 혜성과 근(近)지구 소행성들은 또 한편으로는 지구 생명체에 위협이 될 수도 있다. 태양계를 개관하고 조직화하는 방법이 너무 많다 보니 어쩌면 끝이 없을 수도 있다.

8 초등학교 교실에서의 명왕성

밀도 개념으로 시작하는 어느 태양계 교육 과정을 상상해 보자. 초등학교 3학년생에게는 좀 벅찬 개념이지만 그렇다고 이해 불가능한 것은 아니다. 암석과 금속은 높은 밀도를 갖는다. 풍선과 비치볼은 낮은 밀도를 갖는다. 이런 방식으로, 높은 밀도와 낮은 밀도의 천체 표본으로서 내행성과 외행성을 분류해 보자. 토성은 코르크와 비슷하게 물보다 밀도가 낮기 때문에 재미있는 상상의 날개를 펼칠 수 있다. 즉 태양계의 다른 천체들과는 달리 토성은 욕조 물에서 둥둥 뜰 것이다.

절대로 천체들을 순서대로 열거하지 마라. 절대로 분류학적 범주의 정의에 대해 걱정하지 마라. 태양계를 이해하려면 천체의 정식 명칭을 암기해야 한다는 생각에 사로잡혀 기억법을 찾으려고 절대 애쓰지 마라.

그러다 보면 구형과 고립이라는 공통 기준에 호기심이 생길지 모른다. 이 기준은 어찌나 공평무사한지 조그맣고 암석으로 이뤄지고 철이 풍부한 수성과 거대한 데다가 엄청난 질량에 기체로 이뤄진 목성을 동일한 범주에 함께 넣어도 아무런 문제가 없다. 이쯤 되면, 한참 전인 2006년 8월에 IAU가 이런 부류의 천체들을 위한 명칭을 만들었다는 사실을 기억하게 될 것이다. 그들의 문서 기록을 뒤져서 행성이라는 단어를 찾은 다음에, 관심을 끄는 태양계의 다른 항목들도 재빠르게 훑어보라.

9
명왕성의 후일담

노르웨이의 오슬로에서 열린 2008년 7월의 회의에서, IAU의 집행 위원회는 해왕성 너머에서 발견되는 모든 왜소 행성의 분류 명칭으로 **플루토이드**(plutoid, 명왕성형 천체)를 사용하자는 IAU 왜소 천체 명명 위원회의 제안을 승인했다.[1] 현재까지는 그곳에서 발견된 왜소 행성이 명왕성과 에리스 두 개뿐이지만 분명히 앞으로 더 많이 발견될 것이다. (2019년 현재, 해왕성 너머의 왜소 행성으로 인정된 경우는 명왕성, 에리스, 하우메아(Haumea), 마케마케(Makemake) 네 개다. —옮긴이) 당연지사로 명왕성은 플루토이드다. 태양계의 또 다른 왜소 행성인 세레스는 화성과 목성 사이의 소행성대에 위치하므로 IAU 규정에 따라 이 같은 영예를 부여받을 수 없다. 명왕성의 위성 카론이 제외된 것은, 해왕성 너머에서 미래에 발견될 왜소 행성들의 둥근 위성들도 마찬가지겠지만, 아무래도 미심쩍다. 이다지도 임의적인데 강행해도 되는 규정이라니.

현재는 대학 우주 연구 연합(University Space Research Association)에 있는 스턴은 여러 천체 물리학적 이유를 근거로 이 새로운 플루토이드 분류를 별로 좋아하지 않는다. 그러나 인터뷰에서는 평소처럼 농담으로 "그 단어의 발음이 '치질(hemorrhoid)'처럼 들리잖습니까."라며 운을 뗀다.

드디어 그와 내가 동의할 수 있는 무언가가 생긴 셈이다.

2008년 8월에 들어서, 명왕성의 투견 역할을 자처하는 사이크스가 이 문제에 다시 달려들었다. 그를 포함한 몇몇이 IAU의 선언에는 거의 혹은 전혀 아랑곳하지 않고 태양계의 분류 방식을 토의하기 위해 행성 전문가 회의를 개최했다. 메릴랜드 주에 있는 존스 홉킨스 대학교 응용 물리학 연구소에서 열린 이 회의에는 "위대한 행성 논쟁(The Great Planet Debate)"이라는 제목으로 과다하게 홍보된 공개 토론회가 포함되었다.[2] 이 주제와 관련한 내 과거 역할을 돌아볼 때 현 상황에 다소 책임감을 느꼈던 터라, 6년 전 내 사무실에서 있었던 즉석 토론의 재연으로서 사이크스와 다시 논쟁을 벌이는 데 동의했다. 하지만 이번에는 미국 공영 라디오 방송(National Public Radio, NPR)의 「사이언스 프라이데이(Science Friday)」 진행자 아이라 플래토가 사회를 맡았다. 강당에 들어서자 사이크스와 나는 「이제 으르렁거릴 태세를 갖추자(Let's Get Ready To Rumble)」라는 입장 음악 세례를 받았는데, 이 음악은 통상 프로 레슬링 선수들이 경기장에 들어설 때 연주된다.

기쁘게도 사이크스는 예전에 내가 알던 모습과는 너무 다르게 아주 공손하고 예의 발랐다. 오히려 가끔가다 흥분하는 쪽은 나였다. 그렇지만 결국 우리는 행성의 정의에 대해서는 합의점을 찾지 못했다. 그러더라도 IAU가 행성 정의라는 매트에다 명왕성을 냅다 들어 메쳤다는 데 우리 둘 다 동의했다. 또한 이 문제와 관련해 좀 더 지혜로운 해결책이 필요하다는 데도 의견이 일치했다.

ﾛ

마지막을 장식하는 의미에서 나는 (플로리다 주) 올랜도의 디즈니 월드로 순례 여행을 떠났다. 플루토(견공)에게 그의 강등과 관련해 내가 했던 역할을 고백해야 할 도덕적 의무감을 느꼈기 때문이다. 당혹스러워 보이는 듯한 초반의 머쓱한 순간이 지나자, 플루토와 나는 급속도로 단짝이 되었다. 그리고 그는 자신의 불확실한 운명을 위엄과 품위를 갖추어 받아들였다.

한편, 누구도 플루토(왕년의 행성, 명왕성)가 이 모든 일에 대해 어떻게 느끼는지 확신할 수 없지만 어쩌면 만화가들은 예외일지 모른다. 거의 64억 킬로미터 떨어져 있는, 어떤 이름으로 불리건 간에 엄연한 우주 물체인 플루토는 위풍당당하게 최후의 한마디를 내뱉는다.

"그렇다고 내가 뭐 콧방귀라도 뀔 줄 알았냐?"

"뉴스 기사: 이제 명왕성은 행성이 아니다. ……" "그렇다고 내가 뭐 콧방귀라도 뀔 줄 알았나?"

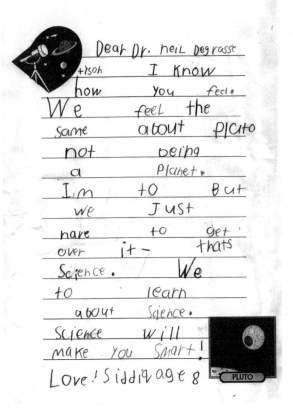

시디크 캔티로부터 온 편지. 플로리다 주의 탬퍼에 있는 롤런드 루이스 초등학교 2학년의 카치 선생님 반 학생이 2008년 봄에 보내왔다. "닐 디그래스 박사님께, 박사님께서 어떻게 느끼실지 저는 잘 알아요. 명왕성이 이제 더 이상 행성이 아니라는 사실에 대해 우리도 똑같이 느끼거든요. 저도 마찬가지입니다. 하지만 우리는 그냥 이겨 내야 해요. 그게 과학이거든요. 우리도 과학에 대해 배우고 있습니다. 과학을 공부하면 현명해지거든요. 안부를 전하며, 시디크, 여덟 살."

9 명왕성의 후일담

플루토와 타이슨.

명왕성 자료

발견자	클라이드 톰보
발견일	1930년 2월 18일
질량(kg)	1.27×10^{22} (1.303×10^{22})
질량(지구=1)	2.125×10^{-3} (2.18×10^{-3})
적도 반지름(km)	1,137 (평균 반지름: 1,188.3)
적도 반지름(지구=1)	0.1783 (평균 반지름: 0.1865)
평균 밀도(g/cm³)	2.05 (1.854)
태양으로부터 평균 거리(km)	5,913,520,000 (5,906,380,000)
태양으로부터 평균 거리(지구=1)	39.5294 (39.48)
자전 주기(일)	−6.3872(역자전) (−6.387230)
공전 주기(년)	248.54 (248.00)

평균 공전 속도(km/s)	4.74 (4.67)
궤도 이심률	0.2482 (0.2488)
축 기울기(°)	122.52 (122.53)
공전 궤도 경사(°)	17.148 (17.16)
적도 표면 중력 가속도(m/s²)	0.4 (평균: 0.620)
적도 탈출 속도(km/s)	1.22 (평균: 1.212)
실시 기하학적 반사도	0.3 (0.49~0.66)
안시 등급(V)	15.12 (15.1)
대기 구성 성분	질소, 메테인

이 자료는 2008년 기준 미국 해군 천문대 자료(http://aa.usno.navy.mil/data/)와 다음 문헌을 참조해 작성한 것이다. Kenneth R. Lang, *Astrophysical Formulae*, vols. 1 and 2 (New York: Springer-Verlag, 1999). (괄호 속 자료는 뉴 호라이즌스 탐사선이 보내 준 데이터를 바탕으로 한 2018년 기준 자료다. 위키피디아를 참조했다. —옮긴이)

「행성 X」

Planet X
크리스틴 래빈 작사

In Arizona at the turn of the century,

astromathematician Percival Lowell

was searching for what he called "Planet X"

'cause he knew deep down in his soul

that an unseen gravitational presence

meant a new planet spinning in the air

joining the other eight already known

circling our sun up there.

♬

애리조나에서 한 세기가 바뀌는 즈음에

천문 수학자 퍼시벌 로웰은

소위 '행성 X'라고 부르는 천체를 찾고 있었다네.

왜냐하면 그의 영혼 깊숙이 이미 알고 있다시피

눈에는 보이지 않지만 중력의 영향이 가리키는 것처럼

새로운 한 행성이 우주 공간에서 자전하면서

이미 알려진 다른 여덟 개 행성들에 발맞추어

바로 저기에서 우리 태양 주위를 돌고 있다는 것을.

But Percival Lowell died in 1916

his theory still only a theory

'til 1930, when Clyde Tombaugh

in a scientific query

discovered "Planet X"

3.7 billion miles from our sun

a smallish ball of frozen rock,

methane and nitrogen.

♬

퍼시벌 로웰은 1916년에 사망했지만

그의 이론은 여전히 그냥 이론일 뿐이었다네.

1930년까지는.

클라이드 톰보가

과학적 탐사에 의해

'행성 X'를 발견할 때까지는.

우리 태양에서 60억 킬로미터 떨어져 있는

얼어붙은 바위들과

메테인과 질소로 이뤄진 그 작디작은 구를.

It joined Mercury, Venus,

Earth, Mars, Jupiter, Saturn, Uranus, and Neptune

our solar system's newest neighbor

two-thirds the size of our moon

a tiny, barely visible speck

Cold! Minus 440 below.

Not exactly Paradise,

they named the planet Pluto.

♫

이제 수성, 금성, 그리고

지구, 화성, 목성, 토성, 천왕성, 해왕성과 한 무리가 된,

우리 태양계에서 가장 새로운 얼굴의 이웃은

우리 달 크기의 3분의 2인,

거의 보일 듯 말 듯 작은 반점일 뿐이라네.

아, 추워! 무려 섭씨 영하 229도.

천국은 분명 아니므로,

그들은 이 행성을 명왕성으로 부르기로 했다네.

That same year, 1930, Walt Disney

debuted his own Pluto as well

but a cartoon dog with the very same name as the CEO of Hell

was not your normal Disney style
most figured he was riding the coattails
of Pluto-mania sweeping the land
(not unlike our modern love for dolphins and whales).

♫

1930년 바로 그해에, 월트 디즈니는
자신만의 플루토를 또한 데뷔시켰다네.
그러나 지옥의 우두머리와 똑같은 이름을 가진 만화 속의
개는 우리에게 친숙한 디즈니 스타일이 아니었다네.
호사가들은 그가 전국을 휩쓴 명왕성의 열풍 덕에
출세했다고 쑥덕거렸다네.
(돌고래나 고래에 대한 현 시대의 열광과 별로 다르지 않은데.)

For the next five decades mysterious Pluto
captivated our minds
as late as 1978 its own moon Charon
was seen for the very first time
but now telescopes and satellites
and computer calculations
say that Pluto may not be a planet at all,
creating great consternation.

(Some scientists say)

That Pluto is a "trans-Neptunian interloper"

swept away by an unknown force

or a remnant of a wayward comet

somehow sucked off course

others say that Pluto is an asteroid

in the sun's gravitational pull

but if you ask Clyde Tombaugh

he'll tell you "That's all 'bull'."

♫

그로부터 50년 동안이나 수수께끼 같은 명왕성은

우리의 마음을 빼앗아 갔다네.

1978년에 자신만의 달 카론이

처음으로 그 모습을 드러낼 때까지만 해도.

그러나 이제 망원경과 탐사선과 컴퓨터 계산에

따르면, 명왕성은 어쩌면 행성이 아닐 수도 있다니,

모두가 대혼란에 빠져 버렸다네.

(어떤 과학자들은 말하기를)

명왕성은 미지의 힘에 의해 휩쓸려온

'해왕성 너머에서 온 침입자'이거나

혹은 어쩌다가 길을 잃은 떠돌이 혜성의 잔재라고 하네.

또 다른 과학자들은 명왕성이

태양의 중력에 이끌려온 소행성이라고 한다네.

하지만 클라이드 톰보에게 물으면

"그건 모두 잡소리."라고 호통을 칠 것이라네.

"I get hundreds of letters from kids every year," he says,

"It's Pluto the planet they love.

It's not Pluto the comet,

It's not Pluto the asteroid

they wonder about above."

And at the International Astronomical Union Working Group

For Planetary System Nomenclature

They too say that Pluto is a planet

reinforcing Clyde Tombaugh's view of nature.

♬

그는 "해마다 수백 통의 편지들을 어린아이들로부터"

받는다며

"그들이 사랑하는 것은 행성인 명왕성이며,

혜성인 명왕성도 아니고,

소행성인 명왕성도 아니다.

편지 속에서 그들이 궁금해 하는 대상은."

그리고 국제 천문 연맹의 행성계 명명법 특별 위원회 역시
명왕성은 행성이라고 말하며,
클라이드 톰보의 자연관에 힘을 실어 주었다네.

Norwegian Kaare Aksnes,

professor at the Theoretical Astrophysics Institute

He too says that Pluto is a planet

and a significant one, to boot

but at the University of Colorado

astronomer Larry Esposito

says "If Pluto were discovered today,

it would not be a planet. End of discussion. Finito."

♬

노르웨이 인 카레 악스네스는

이론 천체 물리 연구소 교수인데

명왕성은 행성일 뿐만 아니라,

심지어 한술 더 떠서 중요한 행성이라고까지 말한다네.

그러나 콜로라도 대학교의

천문학자 래리 에스포시토는

"만약 명왕성이 오늘날 발견되었다면,

행성이 되지 않았을 것이다. 상황 종결. 끝."이라고 말한다네.

He says that it was not spun off from solar matter

like the other eight planets we know.

By every scientific measurement we have

is Pluto a planet? No!

and now 20 astronomy textbooks

refer to Pluto as less than a planet

I guess if Pluto showed up at a planet convention

the bouncer at the door might have to ban it.

♫

그에 따르면 명왕성은 태양을 구성하는

물질에서 생성되지 않았다네.

우리가 아는 다른 여덟 행성들과는 달리.

모든 과학적 측정 방법을 동원해서 판정한다면,

명왕성은 행성인가? 아니오!

그리고 이제 스무 권의 천문학 교과서들이

명왕성이 행성 기준에 못 미친다고 기술한다네.

아마도 명왕성이 행성 총회에 나타나면

입구의 경비원이 못 들어가게 막아야 할지도 모르겠네.

St. Christopher is looking down on all this

and he says, "Pluto, I can relate.

When I was demoted from sainthood

I gotta tell you little buddy,

it didn't feel real great"

and Scorpios look up in dismay

because Pluto rules their sign.

Is now reading their daily Horoscope

just a futile waste of time?

♫

성 크리스토퍼는 이 모든 소동을 내려다보면서,

말하기를, "명왕성이여, 네 심정 이해가 가노라.

그러니 이 말을 너에게 꼭 해야 되리니. 꼬맹이 동지여,

나도 성인의 반열에서 쫓겨났을 때,

기분이 별로였다는 사실을."

그리고 전갈자리에서 태어난 사람들은 낙심천만한다네.

왜냐하면 명왕성이 그들의 별자리를 지배하므로.

이제 오늘의 별자리로 운세를 확인하는 것은

그저 시간 낭비란 말인가?

It takes 247 earth years

for Pluto to circle our sun.

It's tiny and it's cold

but of all heavenly bodies

it's Clyde Tombaugh's favorite one.

He's 90 now and works every day

in Las Cruces, New Mexico

determined to maintain the planetary status

of his beloved Pluto.

♬

명왕성이 태양을 한 바퀴 돌려면 247년이 걸린다네.

너무 작고 너무 춥지만 우주의 무수한 천체 중에서

클라이드 톰보가 가장 애지중지하는 천체라네.

이제 90세지만 매일같이 그는 고군분투한다네.

뉴멕시코 주, 라스 크루시스에서.

그의 사랑스러운 명왕성의

행성 지위를 지키겠노라 굳게 마음먹고 ……

But how are we going to deal with it

if science comes up with the proof

that Pluto was never a planet.

How do we handle this truth?

As the Ph.D's all disagree

we don't know yet who's wrong or who's right

but wherever you are, whatever you are,

Pluto, we know you're out there tonight.

♬

하지만 어떻게 할 작정인가.

만약 과학이 보여 주게 된다면,

명왕성이 결코 행성이 아니라는 증거를.

이런 진실은 어떻게 다뤄야 하는 것일까?

박사들 모두가 의견이 제각각이듯이

누가 옳고 누가 그른지 우리는 아직 모른다네.

하지만 어디에 있든지, 정체가 무엇이든지,

명왕성아, 오늘밤 저 어딘가에 네가 있다는 걸

우리는 알고 있다네.

And in the year 2003

you're going to see

the NASA Pluto Express

fly by and take pictures

of your way cool surface

to send to this web page address:

h t t p colon slash slash d o s x x dot colorado dot edu slash

plutohome dot h t m l

You've got your own web page!

For a little guy,

you've made quite a splash!

♫

그리고 2003년에

너는 보게 될 거야.

미국 항공 우주국의 '명왕성 급행(Pluto Express)'

탐사선이 지나가면서

너의 꽤 근사한 표면의 사진을 찍는 것을.

바로 이 웹페이지 주소로 보내기 위해서지.

http://dosxx.colorado.edu/plutohome.html

너만의 웹페이지까지 갖고 있다니!

꼬맹이치고는

제법 대박을 터뜨렸네!

Yes, at the turn of the 20th century

astromathematician Percival Lowell

in his quest for "Planet X"

started this ball to roll,

but at the end of the 20th Century

we think he may have been a little off base

so we look at the sky

and wonder what new surprises

await us in outer space.

♫

맞아, 20세기로 들어서던 즈음에

천문수학자 퍼시벌 로웰이

'행성 X'를 찾기 위해

이 모든 일을 시작했지만,

20세기 말에 이르러 보니

어쩌면 그가 번지수를 좀 착각하고

있었던 게 아닌가 하는 생각이 든다네.

이제 하늘을 바라보며

어떤 새로운 발견이 우주에서

우리를 기다리고 있을지

궁금하다네.

「나는 그대의 달」

I'm Your Moon
조너선 쿨턴 작사

They invented a reason.

That's why it stings.

They don't think you matter

Because you don't have pretty rings.

♫

그들은 어떻게든 이유를 꾸며냈지요.

그래서 뒷맛이 쓰다니까요.

그들은 그대가 중요하다고 생각지 않아요.

왜냐하면 그대에게는 어여쁜 고리들이 없으니까요.

I keep telling you I don't care

I keep saying there's one thing they can't change

♫

되풀이해서 그대에게 말하지만 나는

그런 건 전혀 상관하지 않아요.

되풀이해서 말하지만 그들이 결코 바꿀 수 없는

단 한 가지가 있으니까요.

I'm your moon.

You're my moon.

We go round and round.

From out here,

It's the rest of the world

That looks so small

Promise me you will always remember

Who you are.

♫

나는 그대의 달.

그대는 나의 달.

우리는 한없이 돌고 돌아요.

머나먼 이곳에서는,

바로 나머지 세상이지요.

그토록 작아 보이는 것은.

약속해주세요. 항상 기억하겠다고,

그대가 누구인지.

Let them shuffle the numbers.

Watch them come and go.

We're the ones who are out here,

Out past the edge of what they know.

♫

그들더러 숫자하고 씨름이나 하라고 해요.

왔다가 다시 떠나버릴 그들을 지켜보자고요.

여기 머무르는 건 우리잖아요.

그들이 아는 한계 너머에서 말이에요.

We can only be who we are

Doesn't matter if they don't understand

♫

우리는 그저 있는 그대로의 우리일 뿐이에요.

그들이 이해 못한들 무슨 상관인가요.

I'm your moon.

You're my moon.

We go round and round.

From out here,

It's the rest of the world

That looks so small.

Promise me you will always remember

Who you are.

Who you were

Long before they said you were no more.

♬

나는 그대의 달.

그대는 나의 달.

우리는 한없이 돌고 돌아요.

머나먼 이곳에서는,

바로 나머지 세상이지요.

그토록 작아 보이는 것은.

약속해주세요. 항상 기억하겠다고,

그대가 누구인지.

그대가 누구였는지.

이제 더 이상 아니라고 그들이 말하기 오래전의 그대를.

Sad excuse fore a sunrise.

It's so cold out here.

Icy silence and dark skies

As we go round another year.

♬

태양이 떠봤자 소용 없거늘.

머나먼 여기는 너무 추워요.

얼어붙은 침묵과 어둠에 잠긴 하늘

또 한 해가 지나가네요.

Let them think what they like, we're fine.

I will always be right here next to you

♫

그들 마음대로 생각하라고 해요. 우리는 잘 지내니까.

그대 옆 바로 여기에 항상 내가 있을 테니까요.

I'm your moon.

You're my moon.

We go round and round.

From out here, it's rest of the world

That looks so small

Promise me you will always remember

Who you are.

♫

나는 그대의 달.

그대는 나의 달.

우리는 한없이 돌고 돌아요.

머나먼 이곳에서는,

바로 나머지 세상이지요.

그토록 작아 보이는 것은.

약속해 주세요. 항상 기억하겠다고,

그대가 누구인지.

「명왕성은 이제 행성이 아니라네」

Now Pluto's Not a Planet Anymore
제프 몬댁과 알렉스 스탱글 작사

Since 1930, quite a run

It was always the smallest one,

And oh so distant from the sun

But Pluto's not a planet anymore

♫

1930년부터니 꽤 대단한 이력이지.

명왕성은 항상 가장 작은 행성이었지.

그런데다 참나, 태양에서 그렇게나 멀리 있다지.

하지만 명왕성은 이제 행성이 아니라네.

Astronomers who had a look

Said "go re-write your science book"

They gave it the celestial hook

Now Pluto's not a planet anymore

♫

천문학자들이 생각해 보더니

말하기를 "과학책을 다시 쓰는 게 어떻겠니."

그들이 명왕성을 천상에서 쫓아냈다니

그러니 명왕성은 이제 행성이 아니라네.

Listen James and Janet

Some experts said to can it

Now Pluto's not a planet

No, Pluto's not a planet

Anymore

♫

제임스와 재닛, 귀기울여 봐

어떤 전문가들이 왈, 명왕성을 쫓아내 봐

이제 명왕성은 행성이 아닌가 봐

그래, 명왕성은 행성이 아닌가 봐

이제.

Uranus may be famous

But Mercury's feeling hot

For Pluto was a planet,

And somehow now it's not

♫

천왕성이 유명할지 모르지만

수성은 뜨겁게 타오른다네.

한 때 명왕성은 행성이었지만,

어쩌다가 지금은 행성이 아니라네.

Neptune's nervous, Saturn's sad,

And jumpin' Jupiter is hoppin' mad

Eight remain of nine we had

Pluto's not a planet anymore

♫

해왕성은 불안하고, 토성은 슬프다네,

그리고 펄펄 뛰어다니는 목성은 활활 화가 났다네.

우리가 가졌던 아홉 중에 여덟만 남았다네.

명왕성은 이제 행성이 아니라네.

They held the meeting here on Earth

Mars and Venus proved their worth

But puny Pluto lacked the girth

So Pluto's not a planet anymore

♫

그들은 여기 지구에서 회의를 열었다네.

화성과 금성은 자신의 가치를 증명했다네.

하지만 조그마한 명왕성은 체구가 너무 빈약했다네.

그래서 명왕성은 이제 행성이 아니라네.

Listen James and Janet

Some experts said to can it

Now Pluto's not a planet

No, Pluto's not a planet

Anymore

♫

제임스와 재닛, 귀기울여 봐.

어떤 전문가들이 왈, 명왕성을 쫓아내 봐.

이제 명왕성은 행성이 아닌가 봐.

그래, 명왕성은 행성이 아닌가 봐.

이제.

They met in Prague and voted

Now Pluto's been demoted

Oh, Pluto's not a planet anymore

♫

그들은 프라하에서 만나 투표했었지.

이제 명왕성은 강등되었지.

아, 명왕성은 이제 행성이 아니라네.

로스 센터의 명왕성 전시 방식에 대한
필자의 공식 보도자료

영국에 기반을 둔 학구적 인터넷 채팅 그룹 CCNet
2001년 2월 2일 게시.

뉴욕 시에 있는 미국 자연사 박물관 산하 신설 기관인 로스 지구 및 우주 센터의 전시와 관련해, 명왕성을 태양계의 다른 행성들과 다르게 취급하기로 한 우리의 결정이 촉발한 언론의 최근 관심에 대해 놀랐을 뿐만 아니라 감명받기까지 했다.

놀랐던 이유는 우리 전시가 2000년 2월 19일의 개관일로부터 그대로 계속되었는데도 불구하고 당시에는 언론의 주목을 별로 받지 못했기 때문이다. 감명받은 이유는 신문과 방송을 불문하고 이 정도의 시간과 관심을 쏟을 만큼 명왕성에 대한 일반 대중의 감정이 그토록 강렬하다는 것을 통감했기 때문이다.

아울러 최근의 이 열화 같은 폭풍의 진원지라고 할 수 있는《뉴욕 타임스》1면 기사에 달린 제목이 실제 상황과는 거리가 좀 있어 보이므로 이에 대해 우리 입장을 분명히 밝히고자 한다. 문제의 그 제목, 「명왕성은 행성이 아니다? 오로지 뉴욕에서만」은 우리가 마치 명왕성을 태양계에서 쫓아냈을 뿐만 아니라 독단적으로 이런 행동을 강행했고 좀 유머러스하게 표현하자면 명왕성의 덩치가 충분치 못해서 뉴욕 시로부터 무시를 당한 것 같은 느낌을 준다. 예전에 이 주제에 대해 「명왕성의 영예」라는 제목으로 에세이(《자연사》 1999년 2월호)를 발표한 적이 있는데, 이 에세이에서 나는 우리 태양계에서 '행성'의 분류 기준이 특히 화성과 목성 사이에 위치하는 많은 새로운 행성들의 존재가 1801년 처음 알려진 경우를 포함해서 어떻게 여러 번 바뀌었는지에 대해 설명했다. 이 새로운 행성들은 물론 나중에 소행성이라는 이름을 얻게 된다. 에세이에서 일부분 소행성대와의 유사성을 들어서 내가 강조한 바는 전체 부피의 절반이 얼음으로 이뤄진 명왕성은 혜성들로 이뤄진 카이퍼대의 제왕이라는 자리가 오히려 제격이라는 것이었다. 이 에세이를 통해 표현한 관점과는 별개로, 나에게는 헤이든 천체 투영관의 소장이자 로스 지구 및 우주 센터의 프로젝트 과학자로서 일반 대중에 대한 좀 다른 성격의 책임이 부과되어 있다.

그 책임은 지난 11개월에 걸쳐 매시간 평균적으로 1,000명의 방문객을 맞이하는 시설에 대한 교육자로서의 책임이다.

우리 센터의 '우주 홀'에서 진행되는 행성 전시에서는 제대로 정의되어 있지도 않은 행성의 단어를 분류 명칭으로 사용하기보다는, 그 개념을 그냥 무시하고 대신에 비슷한 천체들끼리 단순히 함께 묶어서 각각의 가족 혹은 집단을 만들었다. 즉 행성이 몇 개인지 혹은 어떤 천체가 행성이고 어떤 천체가 행성이 아닌지를 공표하는 대신에 태양계의 천체들을 다섯 개의 큰 집단, 지구형 행성들, 소행성대, 목성형 행성들, 카이퍼대, 오오트 구름으로 나누었다. 이러한 접근 방식에서는 행성의 개수나 행성에 대한 암기 지식은 하등 의미가 없다. 정말 의미 있는 것은 태양계의 구조와 구성에 대한 이해다. 따라서 일종의 비교 행성학적 실습으로서 여러 전시 패널에 태양계의 모든 구성원을 망라해서 고리, 폭풍, 온실 효과, 표면 특징, 궤도와 같은 특성들을 강조하면서 이와 관련된 흥미진진한 논의들을 함께 포함했다.

우리 전시의 도입부 패널은 방문객의 예상이나 궁금증에 대해 정면으로 대응한다.

행성이란 무엇인가?

우리 태양계에서 행성들은 태양 주위를 도는 주요 천체다. 다른 행성계에 대해서는 이 정도로 상세한 관측을 할 수 없기 때문에 행성의 보편적인 정의는 아직 확립되지 않았다. 일반적으로 행성은 자체 중력으로 인해 모양이 둥글어질 정도로 질량이 충분히 크지만 중심핵에서 핵융합이 일어날 정도로까지 질량이 크지는 않다.

두 번째 패널은 태양계의 구성에 대해 설명하고 묘사한다.

우리 행성계

다섯 종류의 천체들이 우리 태양 주위를 돌고 있다. 지구형 내행성들은 소행성대를 사이에 두고 거대 기체 외행성들과 분리되어 있다. 외행성들 너머에는 카이퍼대가 있는데, 명왕성을 포함하는 작은 얼음 천체들로 이뤄진 원반의 형태를 갖는다. 그보다 훨씬 더 멀리, 명왕성보다 수천 배나 멀리 떨어진 거리에 혜성들로 이뤄진 오오트 구름이 있다.

우리의 목표는 교사들이나 학생들 그리고 일반 방문객들이 우리 시설을 관람하고 떠날 때, 태양계를 기억법을 이용해서 행성 순서를 암송하는 실습 대상이 아니라 다양한 여러 가족들이 사는 동네처럼 생각하게 하는 것이었다. 이러한 접근법이야말로 과학적으로나 교육적으로 가장 좋은 방식이라고 생각한다.

그럼에도 불구하고, 우리의 시도에 대한 몇몇 건설적인 지적 사항들 역시 상당히 도움이 되었다. 많은 사람들이 이미 알고 있다시피, 로스 센터는 거대한 26.5미터의 구(상부 절반은 헤이든 천체 투영관의 우주 극장을 포함하고, 하부 절반은 태초의 우주 대폭발의 첫 3분을 묘사한 전시 공간을 포함한다.)를 그 자체로서 전시물로 활용하고 있다. 그럼으로써 관측 가능한 우주 전체에서 원자핵까지 이르는 '10의 거듭제곱' 도보 여행을 통해 우주 내 사물의 상대적 크기를 비교할 수 있게 했다. 여행의 중간쯤에 이르면 헤이든 구가 태양을 상징하는 크기 척도에 다다르게 된다. 거기에서 천장에 매달린 (전시물 중에서 가장 많이 사진 찍히는) 목성형 행성들과 더불어 난간에 부착된 네 개의 작은 구들을 볼 수 있다. 이 구들은 지구형 행성들이다. 태양계의 다른 구성원들은 여기에 포함되어 있지 않다. 이 전시의 핵심 사항은 크기의 비교이며 그 밖에 특기할 만한 사항은 없다. 그러나 명왕성의 부재로 인해 (이 전시에서는 오로지 목성형 행성과 지구형 행성만을 다룬다는 점을 명확히 밝혔음에도) 방문객의 약 10퍼센트는 명왕성이 어디에 있는지 궁금해한다.

정당한 교육적 견지에서 우리는 두 가지 방법을 시도해 보기로 결정했다. ① 크기 척도 전시에서 문제가 되는 바로 그 지점에 그냥 '명왕성은 어디에 있을까?'라고 묻는 표지판을 세워서 명왕성이 왜 전시 모형 중에 포함되지 않았는지 방문객들 스스로가 생각할 수 있게 하는 기회를 제공한다. 그리고 ② 더 나아가 명왕성의 일생과 일대기에 대한 좀 더 심층적인 자료를 정보 안내 게시판에 추가하는 것을 고려한다. 정보 안내 게시판에는 컴퓨터로 검색이 가능한 최신 천체 물리학 뉴스의 데이터베이스가 포함되어 있는데, 이 뉴스들은 비디오 '게시판' 벽에서 적절한 시점에 상영된다. 이 자료에는 행성을 어떻게 기술해야 하는지에 대해 자신의 의견을 표출하고 싶은 사람들을 위해 다양한 관점들을 표본 추출해서 포함시킬 수도 있을 것이다.

끝으로, '명왕성에 탐사선을 보내서 태양계 행성 탐사를 완결해야 한다.'라고 주장하는 대신에 '새로 발견되어 아직까지는 태양계에서 미지의 영역이자 명왕성이 제왕격인 카이퍼대의 탐사를 이제부터 시작해야 한다.'라고 표현한다면, mid-ex급(NASA의 '중급 탐사 계획(medium-class explorers)'을 의미하며 2018년 현재 기준으로 발사 비용을 제외한 총 예산이 2.5억 달러를 넘지 않아야 한다. 명왕성 탐사를 위한 뉴 호라이즌스 탐사선은 발사 비용(2.1억 달러)을 제외하고 실제로는 약 5.1억 달러가 소요되었다. 즉 명왕성 탐사 계획의 실현에 가장 큰 걸림돌인 예산 문제를 해결하기 위해서는 명왕성 탐사의 관점을 행성 탐사가 아닌 카이퍼대 탐사로 바꾸어야 한다는 의미이다. — 옮긴이)의 명왕성 탐사 계획이 대중이나 의회로부터 훨씬 더 많은 지지를 받을 수 있으리라는 의견과 함께 이 글을 마친다.

뉴욕 미국 자연사 박물관 자연 과학부 천체 물리학과 및
헤이든 천체 투영관 관장
닐 디그래스 타이슨

행성의 정의에 관한
국제 천문 연맹의 결의안

IAU 결의안 5A

2006년 8월 24일, 체코 공화국 프라하에서 가결

424명 표결 참가자의 압도적 다수로 통과

태양계에서 행성의 정의

최신 관측 결과들이 행성계에 대한 우리의 인식을 변화시킴에 따라, 천체의 명명법에 이러한 우리의 변화된 인식을 반영해야 할 필요성이 대두되었다. 특히 '행성'의 명칭에 이런 원칙이 적용될 수 있다. '행성'의 단어는 원래 천구 상에서 움직이는 빛으로만 알려진 이른바 '방랑자 천체'를 의미했다. 최근 일련의 발견들로 인해 행성의 정의를 새롭게 수립하게 되었고 이를 위해 현재 활용 가능한 모든 과학적 지식을 참조했다.

결의안 5A(압도적 다수의 표결로 통과됨)

이로써 IAU는 우리 태양계의 '행성들' 및 다른 천체들이, 위성을 제외하고, 다음과 같이 세 가지 각기 서로 다른 부류로 정의된다고 결의한다.

① '행성(planet)'은 ⓐ 태양의 주위를 궤도 운동하며, ⓑ 자체 중력이 강체의 체적력(rigid body force)을 이겨 내기에 충분한 질량을 가지고 있어서 유체 정역학 평형의 (거의 둥근) 형태를 취하고 있으며, ⓒ 자신의 궤도 주변 영역을 깨끗이 치운 천체이다.[1]

② '왜소 행성(dwarf planet)'은 ⓐ 태양의 주위를 궤도 운동하며, ⓑ 자체 중력이 강체의 체적력(rigid body force)을 이겨 내기에 충분한 질량을 가지고 있어서 유체 정역학 평형의 (거의 둥근) 형태를 취하고 있으며, ⓒ 자신의 궤도 주변 영역을 깨끗이 치우지 못한, ⓓ 위성이 아닌 천체이다.[2]

③ 태양 주위를 궤도 운동하는 모든 다른 천체들은, 위성을 제외하고, 집합적으로 '태양계 소천체(small solar-system bodies)'로 부를 것이다.[3]

"YOU'RE FIRED!"

"넌 해고야!"

부록 F

명왕성의 행성 지위에 관련한
뉴멕시코 주의 법안

명왕성은 행성이며 2007년 3월 13일을 '명왕성 행성의 날'로 선포하는 뉴멕시코 주 제48대 의회 공동 발의안 54

하원 의원 요니 마리 구티에레(민주당, 33 선거구, 도냐나 카운티)에 의해 2007년 3월 8일 발의

왜냐하면, 뉴멕시코 주는 천문학과 천체 물리학 그리고 행성 과학의 세계적인 중심지이기 때문이다. 그리고

왜냐하면, 뉴멕시코 주는 세계적 수준의 천체 관측 시설들인, 아파치 포인트 천문대, 극대 배열 전파 망원경, 맥덜리나 리지 천문대, 국립 태양 천문대가 자리 잡은 곳이기 때문이다. 그리고

왜냐하면, 뉴멕시코 주립 대학교가 운영하는 아파치 포인트 천문대는 천체 물리 연구 협력단의 3.5미터 망원경과 더불어 지름 2.5미터의 독보적인 슬론 디지털 전천 탐사(Sloan digital sky survey) 망원경을 보유하고 있기 때문이다. 그리고

왜냐하면, 뉴멕시코 주립 대학교는 우리 주에서 유일하게 박사 학위를 수여하는 독립적인 천문학과를 갖고 있기 때문이다. 그리고

왜냐하면, 뉴멕시코 주립 대학교와 도냐나 카운티(Dona Ana county)는 명왕성의 발견자인 클라이드 톰보가 오랫동안 몸담아 왔던 곳이기 때문이다. 그리고

왜냐하면, 명왕성은 75년 동안 행성으로 인정받아 왔기 때문이다. 그리고

왜냐하면, 명왕성의 평균 궤도는 태양으로부터 5,948,050,000 킬로미터 거리에 있으며 지름은 대략 2,300킬로미터이기 때문이다. 그리고

왜냐하면, 명왕성은 카론, 닉스, 히드라로 명명된 세 개의 위성을 가지고 있기 때문이다. 그리고

왜냐하면, 뉴 호라이즌스라는 우주선이 2015년에 명왕성을 탐사하기 위해 2006년 1월에 발사되었기 때문이다.

이에 따라 이제 명왕성이 뉴멕시코의 멋진 밤하늘의 상공을 통과할 때 뉴멕시코 주 의회에서 명왕성을 행성으로 선포하고, 아울러 2007년 3월 13일을 '명왕성 행성의 날'로 선포하기로 의회에서 의결되어야 한다.

명왕성의 행성 지위에 관련한
캘리포니아 주의 법안

명왕성의 행성 지위와 관련한 캘리포니아 주 하원 법안 HR36

하원 의원 키스 리치먼(공화당, 38 선거구, 서북부 로스앤젤레스 카운티)과 조지 프 캔시어밀러(민주당, 11 선거구, 콘트라 코스타 카운티, 샌프란시스코 베이 지역) 에 의해 2006년 8월 24일에 발의

왜냐하면, 명왕성의 타원 궤도나 혹은 명왕성보다 크기가 좀 더 큰 카이퍼대 천체의 포착을 포함하는 최근 일련의 천문학적 발견들 로 인해 천문학자들이 명왕성의 행성 지위에 대해 의구심을 품게 되 었기 때문이다. 그리고

왜냐하면, 국제 천문 연맹이 2006년 8월 24일에 비열하게도 명 왕성의 행성 지위를 박탈하고 비천한 왜소 행성으로 격하시키는 무 례를 범하기로 결정했기 때문이다. 그리고

왜냐하면, 명왕성은 1930년에 애리조나 주에 있는 로웰 천문대 에서 미국인 클라이드 톰보에 의해 발견되었고, 이 발견으로 인해 수 백만 명의 캘리포니아 주민들이 명왕성을 태양계의 아홉 번째 행성 으로 받아들이게 되었기 때문이다. 그리고

왜냐하면, 명왕성(플루토)은 로마 신화의 지하 세계의 신의 이름을 따라 명명되었지만, 캘리포니아에서 가장 유명한 만화 주인공 강아지와 다정하게 이름을 공유함으로써 캘리포니아의 역사 및 문화에 대한 특별한 인연을 보여 주고 있기 때문이다. 그리고

왜냐하면, 명왕성의 지위 격하는 우주에서의 자신의 위치에 대해 의문을 품거나 우주 상수들의 불안정성에 대해 우려하는 일부 캘리포니아 주민에게 심리적 상해를 끼칠 것이기 때문이다. 그리고

왜냐하면, 행성 목록에서 명왕성의 삭제는 수백만 권의 교과서, 박물관 전시물, 그리고 집집마다 냉장고 문을 장식하고 있는 아이들의 예술 작품을 폐기 처분하게 만들고, 이것은 고갈되어가는 '제안 98호' 교육 자금에서 지원해야 하는 상당한 '재정 지원 없는 위임 명령'의 적용 대상이 되게 함으로써 캘리포니아의 아동들에게 위해를 입히고 재정 적자를 확대시키는 결과를 초래하기 때문이다. 그리고

왜냐하면, 행성 목록에서 명왕성의 삭제는 마치 코페르니쿠스의 이론에 대해 의문을 제기하거나 원형의 세계 지도를 그리거나 시공 연속체의 존재를 증명하는 것과 유사한 경솔하고 분별없는 사이비 과학이기 때문이다. 그리고

왜냐하면, 명왕성의 강등은 의회 지도자들이 선거구 개정 법안이나 기타 반갑지 않은 정치 개혁 법령을 숨기는 데 이용할 수 있는 행성의 개수를 감소시키기 때문이다. 그리고

왜냐하면, 캘리포니아 주 의회는 2005~2006회기를 마치면서

캘리포니아의 미래에 중요한 사안들을 별로 다루지 않은 반면에 명왕성의 위상은 다른 어떤 사안보다 중요할 뿐만 아니라 의회의 즉각적인 관심을 받을 만하기 때문이다. 이에 따라

하원은 이로써, 명왕성의 행성 지위를 박탈함으로써 캘리포니아 주민 및 주 정부의 장기적 재정 건전성에 가공할 충격을 끼치게 된 국제 천문 연맹의 결정을 규탄하기로, 캘리포니아 주 의회 하원에서 의결해야 한다. 그리고 추가적으로

하원의 서기가 결의안 사본을 국제 천문 연맹에 보내고, 아울러 캘리포니아의 미래를 위협하는 문제들에 의회가 관심을 기울이고 있다는 확신하에 결의안의 사본을 요청하는 캘리포니아 주민 누구에게나 사본을 보내 주기로 의결해야 한다.

1. 문화 속의 명왕성

1. 1935년 10월에 문을 연 뉴욕 시의 헤이든 천체 투영관은 피츠버그의 불(Buhl) 천체 투영관과 로스앤젤레스의 그리피스(Griffith) 천문대 및 천체 투영관의 뒤를 이어 건립되었다.

2. 2006년 1월 NASA 인터뷰. www.NASA.gov/multimedia/podcasting.

3. 천문학의 거리 단위로서 3.26광년 혹은 약 31조 킬로미터에 해당하며, 지구가 태양에 대해 상대적으로 한쪽 편에서 반대쪽 편으로 궤도 운동하는 동안, 배경 별들에 대해 상대적으로 어느 한 별의 위치가 1각초의 시차 각도(즉 par-sec)의 변화가 있는 경우에, 그 별까지의 거리로 정의되었다.

4. Dave Smith, *Disney A to Z - The Updated Official Encyclopedia* (New York: Hyperion Press, 1998).

5. 월트 디즈니 자료 보관소의 책임자인 리처드 보스버러로부터 데이브 스미스가 전해 들은 이야기다.

6. *New Oxford American Dictionary*, 2nd ed. (New York: Oxford University Press, 2005).

7. 미국인들은 1년에 대략 30억 판, 하루에 40만 제곱미터 혹은 1초에 약 350조각의 피자를 먹어 치운다. Mama deLucas, *All About Pizza*, © 2007 http://www.mamadelucaspizza.com/pizza.

2. 역사 속의 명왕성

1. William Hershel, "Account of a Comet," *Philosophical Transactions of the Royal Society*

of London 71 (1781): 492.

2. 다음 문헌에서 인용했다. *The Herschel Chronicle*, edited by Constance A. Lubbock (New York: Cambridge University Press, 1933), p. 86.

3. A. J. Dressler and C. T. Russell, "The Pending Disappearance of Pluto," *EOS* 61, no. 44 (1980): 690.

4. 다음 문헌에서 인용했다. Michael Lemonick, *The Georgian Star: How William and Caroline Herschel Revolutionized Our Understanding of the Cosmos* (New York: Atlas/ Norton, 2008), p. 144.

3. 과학에서의 명왕성

1. J. Christy, "1978 P 1," *IAU Central Bureau of Astronomical Telegrams*, Circular No. 3241, July 7, 1978.

2. R. P. Binzel, D. J. Tholen, E. F. Tedesco, B. J. Buratti, and R. M. Nelson, "The Detection of Eclipses in the Pluto-Charon System," *Science* 228, no. 4704 (1985): 1193-1195.

3. Steven Soter, "What Is a Planet?" *Astronomical Journal* 132 (2006): 2513-2519.

4. International Astronomical Union, IAU Circular No. 8723, June 21, 2006.

4. 명왕성의 몰락

1. Neil deGrasse Tyson, *Merlin's Tour of the Universe: A Skywatcher's Guide to Everything from Mars and Quasars to Comets, Planets, Blue Moons, and Werewolves* (New York: Main Street Books, 1997), 62.

2. 태양계에서 새로 발견된 천체에 정식 명칭이 주어지기 전에 임시로 호칭을 부여하는 방식에 따르면, 처음 네 숫자(1992)는 발견 연도다. 첫 번째 글자(Q)는 발견 반달(half month)을 나타내는데, 1년 열두 달의 각 달을 반으로 나누어서 각각의 반달

에 해당하는 기간을 영어 알파벳에서 I와 Z를 제외한 나머지 스물네 개 글자를 가지고 순서대로 표시한다. 두 번째 글자(B)는 바로 그 반달 동안에 발견된 모든 천체 중에서 몇 번째로 발견되었는지를 나타내는데, 알파벳 글자 중에서 I만 제외하므로 최대 스물다섯 번째 천체까지 표시할 수 있다. 그러나 요새 흔하게 일어나듯이 어느 반달 동안에 천체가 스물다섯 개보다 더 많이 발견되면 알파벳 글자를 처음부터 다시 반복하되 반복 회수를 숫자(1)로 옆에 덧붙여 표시한다. 따라서 1992 QB1은 1992년 9월의 첫 반달에 발견된 스물일곱 번째 천체다.

3. Clyde Tombaugh, "The Last Word," Letters to the Editor, *Sky & Telescope*, December 1994, p 8.

4. "Demoted Planet," *Time*, February 20, 1956. http://www.time.com/time/archive/preview/0,10987,808181,00.html?internalid=related3.

5. Neil deGrasse Tyson, "Pluto's Honor," in *Natural History* 108, no. 1 (February 1999): 82.

6. IAU 총무가 1999년 2월 3일 배포한 보도 자료 01/99.

7. 미국 중앙 정보국(CIA) 월드 팩트북(World Factbook) 사이트. https://www.cia.gov/library/publications/resources/the-world-factbook/.

8. Kenneth Chang, *New York Times*, January 22, 2001, pp. A1, B4.

9. Kenneth Chang, New York Times, February 13, 2001, p. F2.

10. Eric Metaxas Op-Ed, *New York Times*, February 16, 2001, p. A19.

11. *Spacewatch*; http://spacewatch.lpl.arizona.edu/2000wr106.html.

12. 국제 협약에 따라, 해왕성 바깥 천체들의 이름은 창조 설화 신들의 이름을 따서 지어진다. '콰오아'의 이름은 발견한 천문학자들이 소속된 캘리포니아 공과 대학이 위치한 로스앤젤레스 지역의 원주민 통바(Tongva) 부족의 신화로부터 유래되었다.

13. Editorial, *New York Times*, October 15, 2002, p. A26.

5. 미국을 분열시킨 명왕성

1. CCNet의 모든 글은 베니 페이서의 허락을 받아 인용했다.

2. 행성 천문학자들을 포함해서 오늘날의 전문 천문학자들은 기본적으로 천체 물리학자다. 우리 모두 수학과 물리학에서 광범위한 훈련을 받고, 물리학의 법칙으로 표현되는 자연의 작동 원리를 이해하려고 노력한다. 따라서 현대에는 천문학자와 천체 물리학자의 두 용어가 상호 교환될 수 있지만, 천문학자 용어는 특정 천체가 하늘의 어디에 위치하는지, 그리고 망원경을 통해서는 어떻게 보이는지 외에는 달리 할 게 없었던 시대에 대한 역사적 연결 고리를 느끼게 한다.

3. 우리 은하에 가장 가까운 두 외부 은하가 대마젤란 성운과 소마젤란 성운이다. 세계 일주 중이던 탐험가 마젤란은 남반구에서 주로 보이는 이 두 은하가 성운이라고 생각했다. 하지만 나중에 망원경으로 확인했을 때, 우리 은하 주위를 도는 '왜소' 위성 은하임이 밝혀졌다.

4. 외계 행성은 태양이 아닌 다른 항성 주위를 도는 행성이다. (마치 외계 생물학 용어처럼) 가끔, 표현이 좀 투박하지만 '태양계 밖(extrasolar) 행성'이라고 부르기도 한다.

6. 명왕성 최후의 날

1. Steven Soter, "What Is a Planet?," *Astronomical Journal* 132 (2006): 2513. 다음 문헌도 함께 참조할 것. "What Is a Planet?," *Scientific American* 296, no. 1 (January 2007): 20-27.

2. IAU 행성 정의에 대해 항의하는 청원서. http://www.ipetitions.com/petition/planetprotest.

3. 「국제 천문 연맹 개인 회원의 지리적 분포(IAU Geographical Distributions of Individual Members)」. http://193.49.4.189/Geographical_Distribution.8.0.html.

7. 왜소 행성이 된 명왕성

1. 조너선 쿨턴의 홈페이지(http://www.jonathancoulton.com)에서 음원을 구입할 수 있다.

2. 노래는 그들의 홈페이지(http://jeffspoemsforkids.com)에서 확인할 수 있다.

3. "Despite Planetary Downgrade, Pluto Is Still Disney's 'Dog Star,'" PR Newswire, August 24, 2006; http://www.prnewswire.com.

4. California Institute of Technology, "Funeral for a Planet". http://pr.caltech.edu/periodicals/EandS/articles/LXIX4/funeral.html.

5. Brian O'Neill, "We See It as an Opportunity, Pluto," *Pittsburgh Post-Gazette*, August 17, 2006. https://www.post-gazette.com/pg/06229/714139_155.stm.

6. Mark Newman, "Pluto Sent Down to the Minors"; http://MLB.com/news.

7. Dan Shaughnessy, "This Is One Star That Is in A Wobbly Orbit," *Boston Globe*, August 27, 2006.

8. Andy Borowitz, "Scientists Say Knicks Ave No Longer a Basketball Team"; http://www.borowitzreport.com/archive_rpt.asp?rec=6582.

9. Andy Borowitz, "Scientists Say Knicks Ave No Longer a Basketball Team"; http://www.borowitzreport.com/archive_rpt.asp?rec=6632&srch=.

10. "NASA Launches Probe to Inform Pluto of Demotion," *The Onion*, no. 42.51, December 18, 2006.

11. 《머시니스트(*Machinist*)》 보도 뉴스 해설에서. http://machinist.salon.com/blog/2008/02/27/11_planet/index.html.

12. David Aguilar, *11 Planets: A New View of the Solar System* (Washington, DC: National Geographic Children's Books, 2008).

13. American Dialect Society, "Plutoed"; http://www.americandialect.org/Word-of-the-Year_2006.pdf.

9. 명왕성의 후일담

1. IAU 2008년 7월 11일자 보도 자료 IAU0804; http://www.iau.org/public_press/news/release/iau0804/.

2. "Great Planet Debate: Science as Process," Mark V. Sykes and Neil deGrasse Tyson, moderated by Ira Flatow, John Hopkins University Applied Physics Laboratory, August 14, 2008; http://gpd.jhuapl.edu/.

부록 F

1. 여덟 개의 '행성들'은 수성, 금성, 지구, 화성, 목성, 토성, 천왕성, 해왕성이다.

2. 경계선 상의 천체들을 왜소 행성이나 그 밖의 다른 부류에 배정하기 위한 IAU 지침이 수립될 예정이다.

3. 여기에는 현재 대부분의 태양계 소행성들, 대부분의 해왕성 바깥 천체들(TNO), 혜성들, 그밖에 다른 작은 천체들이 포함된다.

더 읽을거리

명왕성과 외행성계를 소개하는 책들을 따로 골라 보았다.

일반 독자

Asimov, Isaac, *How Did We Find Out About Pluto?* New York: Walker & Company, 1991.

Davies, John, *Beyond Pluto*. New York: Cambridge University Press, 2001.

Elkins-Tanton, Linda, *Uranus, Neptune, Pluto, and the Outer Solar System*. New York: Chelsea House Productions, 2006.

Jones, Tom, and Ellen Stofan, *Planetology: Unlocking the Secrets of the Solar System*. Washington, DC: National Geographic, 2008.

Lemonick, Michael, *The Georgian Star: How William and Caroline Herschel Revolutionized Our Understanding of the Cosmos*. New York: Atlas/Norton, 2008.

Minard, Anne, and Carolyn Shoemaker, *Pluto and Beyond: A Story of Discovery, Adversity, and Ongoing Exploration*. Flagstaff, AZ: Northland Publishing, 2007.

Sparrow, Giles, *The Solar System: Exploring the Planets and Their Moons, from Mercury to Pluto and Beyond*. San Diego: Thunder Bay Press, 2006.

Stern, Alan, and Jacqueline Mitton, *Pluto and Charon: Ice Worlds on the Ragged Edge of the Solar System*. New York: Wiley-VCH, 2005.

Sutherland, Paul, *Where Did Pluto Go?* Pleasantville, NY: Reader's Digest, 2009.

Tocci, Salvatore, *A Look at Pluto*. London: Franklin Watts, 2003.

Weintraub, David A., *Is Pluto a Planet?: A Historical Journey Through the Solar System*. Princeton, NJ: Princeton University Press, 2007.

청소년 독자

Asimov, Isaac, Frank Reddy, and Greg Walz-Chojnacki, *A Double Planet?: Pluto and Charon*. Milwaukee: Gareth Stevens Publishing, 1996.

Cole, Joanna, *The Magic School Bus Lost in the Solar System*. New York: Scholastic Press, 1992.

Cole, Michael, *Pluto: The Ninth Planet*. Berkeley Heights, NJ: Enslow Publishers, 2002.

Kortenkamp, Stephen J., *Why Isn't Pluto a Planet?: A Book About Planets*. New York: First Facts Books, 2007.

Orme, David, and Helen Orme, *Let's Explore Pluto and Beyond (Space Launch!)*. Milwaukee: Gareth Stevens Publishing, 2007.

Simon, Tony, *The Search for Planet X*. New York: Basic Books, 1962.

Wetterer, Margaret, *Clyde Tombaugh and the Search for Planet X*. Minneapolis, MN: Carolrhoda Books, 1996.

참고 자료

Jet Propulsion Laboratories: jttp://ww.jpl.nasa.gov.

Lang, Kenneth R., *Astrophysical Formulae*, vols. 1 and 2. New York: Springer-Verlag, 1999.

NASA: http://www.NASA.gov.

US Naval Observatory: http://aa.usno.navy.mil/data/.

도판 저작권

그림 1.1. Idreamofganymede. 그림 1.2. Timre Surrey Photography, 2007. 그림 1.3. Neil deGrasse Tyson, 2002. 그림 1.4. Neil deGrasse Tyson, 2002. 그림 1.5. Public domain. 그림 1.6. Venetia Phair Burney. The author has tried but failed to locate the copyright owner of the photograph of Venetia Burney, and will pay a sensible fee if such person comes forward and proves ownership. 그림 1.7. Royal Astonomical Society / Photo Researchers, Inc. 그림 1.8. (왼쪽) Bill Day, 2006, The Commercial Appeal. 그림 1.8. (오른쪽) Copyright © Tribune Media Services, Inc. All rights reserved. Reprinted with permission. 그림 1.9. Paul McGehee, 1986.. Page 24: Lowell Observatory Archives. 그림 2.1 Lowell Observatory Archives. 그림 2.2. Lowell Observatory Archives. 그림 2.3. A. J. Dressler and C. T. Russell, "The Pending Disappearance of Pluto," *EOS* 61, no. 44 (1980): p. 690. Copyright © 1980 American Geophysical Union. Reproduced/modified by permission of American Geophysical Union. 그림 2.4. Steven Soter, "What Is a Planet?", *Scientific American*, January 2007. 저자 직접 제공. 그림 3.1. Alison Snyder. 그림 3.2. Alison Snyder. 그림 3.3. United States Naval Observatory. 그림 3.4. United States Naval Observatory. 그림 3.5. Vincenzo Zappala, full astronomer, Astronomical Observatory of Torino, Italy. 그림 3.6. NASA. 그림 3.7. Courtesy of Richard Binzel. 그림 3.8. NASA/JHU/APL/SwRI; image Neil deGrasse Tyson, 2006. 그림 3.9. Neil deGrasse Tyson, 2006. 그림 3.10. Neil deGrasse Tyson, 2006. 그림 3.11. Neil deGrasse Tyson, 2006. 그림 3.12. NASA. 그림 3.13. NASA, ESA, H. Weaver (JHU/APL), A. Stern (SwRI), and the HST Pluto Companion Search Team. 그림 4.1. NASA. http://photojournal. jpl.nasa.gov/jpeg/PIA00069. 그림 4.2. David Jewitt and Jane Luu, 1992. 그림 4.3. J. Kelly Beatty, 1996. 그림 4.4. Neil deGrasse Tyson, 2000. 그림 4.5. Neil deGrasse Tyson, 2000. 그림 4.6. Neil deGrasse Tyson, 2000. 그림 4.7. Marilyn K. Yee / New York Times / Redux. 그림 4.8. NASA/ESA/A. Field (STScI). 그림 6.1. The International Astronomical Union. 그림 6.2. The International Astronomical Union / Lars Holm Nielsen. 그림 7.1. Copyright © 2006 by Bob Englehart, Hartford Courant, and PoliticalCartoons.com. 238쪽 Copyright © 2006 by Aislin, Montreal Gazette, and PoliticalCartoons.com. 240쪽 Neil deGrasse Tyson, 2007. 275쪽 Copyright © 2006 by R. J. Matson, St. Louis Post-Dispatch, and PoliticalCartoons.com.

덧붙여, 이 책에 소개된 노래들의 작사가들 및 작곡자들, 그리고 필자 또는 다른 사람들과의 교신 내용을 인용하거나 출간하도록 허락해 준 다음 분들께 감사드린다. Mike A'Hearn, Brooke Abrams, Howard Brenner, Don Brownlee, Dan Burns, Siddiq Canty, CCNet, Jonathan Coulton, Timothy Ferris, Will Galmot, John Glidden, Lindsey Greene, Dave Herald, Wes Huntress, Diane Kline, Christine Lavin, Steve Leece, Geoff Marcy, Jeff Mondak and Alex Stangl, Michael Narlock, Bill Nyc, Benny Peiser, Robert L. Staehle, Alan Stern, Ian Stocks, Mark Sykes, Madeline Trost, Taylor Williams, and Emerson York.

도판 저작권

옮긴이 후기

닐 디그래스 타이슨이 이 책에서 절묘한 필치로 그려 낸, 명왕성의
행성 지위를 둘러싸고 벌어진 상황은 때로 코믹하고 황당하면서 어
떤 때는 씁쓸하고 가슴 뭉클해지기도 한다. 그러나 이 책의 본문에서
카이퍼대 천체 연구자인 제인 루가 했던 말처럼 명왕성은 우리가 어
떻게 분류하든 상관없이 그저 자기 갈 길을 갈 뿐이다.

　　2006년 명왕성이 행성 지위를 잃고 왜소 행성으로 전락한 뒤에
2019년 현재 국제 천문 연맹(IAU)이 인정한 카이퍼대 왜소 행성은 명
왕성을 포함하여 모두 네 개가 되었고 그보다 크기가 좀 작은 여섯
개가 후보로 대기 중이다. 최근 들어 명왕성에 대한 연구는 2006년
발사되어 2015년에 명왕성을 스쳐 지나간 뉴 호라이즌스 탐사선으
로 인해 장족의 발전이 이루어졌다.

　　명왕성은 비록 달보다 크기는 작지만, 질소, 메테인, 일산화탄

소로 이루어진 희박한 푸른색 대기로 둘러싸여 있다. 명왕성에서 가장 눈길을 사로잡는 지형은 명왕성의 발견자인 클라이드 톰보의 이름을 따서 명명된 흰색 하트(심장) 모양의 톰보 지역(Tombaugh Regio)이다. 그 누구보다 명왕성을 사랑했던 톰보의 마음을 형상화한 듯싶은 이 특이한 지형은 이 책의 한국어판 표지에도 등장한다. 이 심장의 왼쪽 '심엽'에 해당하는 스푸트니크 평원(Sputnik Planitia)은 가히 명왕성이 품은 미스터리의 종합 세트라 할 만하다. 명왕성은 천왕성처럼 옆으로 비스듬히 누워서 자전하는데, 스푸트니크 평원이 위치하는 적도 근방에서 평균 온도가 섭씨 -240도로 가장 낮기 때문에 대기 중 질소가 집중적으로 이 평원에 얼음으로 응결되어 쌓인다. 한편, 명왕성과 카론은 이중 조석 제동 관계에 있기 때문에 서로에게 항상 같은 면만 보이게 되는데, 이 평원의 표면에 쌓인 얼음 무게로 인한 중력 불균형을 해결하기 위해 카론과 마주 보는 면의 정반대 쪽에 스푸트니크 평원이 자리 잡게 되었을 것으로 추측된다. 또 하나의 놀라운 사실은, 이 평원에서는 충돌 구덩이가 전혀 발견되지 않기 때문에 표면 나이가 수십만 년에 불과할 것으로 추정된다는 점이다. 이렇게 젊음이 유지되는 비결은 평원 아래에 존재할 것으로 추측되는 액체 물의 지하 바다로부터 마치 톰보의 심장이 박동이라도 하는 것처럼 물이 용솟음쳐 올라 지표면을 새로 단장하기 때문으로 생각된다.

그밖에도 명왕성의 표면은 밝기에서뿐 아니라 색깔에 있어서도 목성의 위성 이오처럼 검은색에서 주황색, 흰색에 이르기까지 다

옮긴이 후기

양한 분포를 보인다. 이러한 다양성은 표면이 산악 지역처럼 물 얼음으로 이루어져 있는지 또는 평원처럼 질소 얼음으로 이루어져 있는지와 같은 차이뿐만 아니라, 물이나 암모니아와 같은 주로 극저온의 액체를 뿜어내는 얼음 화산, 또는 빙하의 흐름이나 판구조 활동과 같은 지질학적 활동의 흔적과도 연관되어 있어 보인다. 위성인 카론에서도 암모니아 수화물과 얼음물을 뿜어내는 간헐천 활동이 일어나는 듯하다. 특히 카론의 북극 지역에서 발견된 적갈색 극관은 생명체 발생의 구성분일 수 있는 고분자 유기 화합물로 이루어져 있다고 보고되었다. 명왕성의 이러한 지질학적 또는 대기학적 특성은 해왕성의 위성인 트리톤과 상당히 비슷하다. 만약 트리톤이 오래전 해왕성에 포획되지 않았더라면 오늘날 가장 큰 왜소 행성은 명왕성이 아니라 트리톤이 되었을지도 모른다. (트리톤은 적도 지름이 2,706.8킬로미터로 적도 지름이 2,370킬로미터인 명왕성보다 살짝 크다.) 과학적 의미 외에도 명왕성에 대한 향수가 여전히 강하게 남아 있는 미국에서는 명왕성 발견 100주년이 되는 2030년에 명왕성에 탐사선을 다시 보내자고 주장하는 학자들도 있다.

행성 정의에 대한 논란을 불러일으킨 카이퍼대 천체들이 발견되기 시작한 1990년대 초에 마치 우연처럼 태양계 밖에서 외계 행성들이 발견되기 시작했다. 특히 2009년에 발사되어 2018년까지 활동한 케플러 우주 망원경 덕분에 외계 행성 발견에 가속도가 붙으면서 2019년 현재 공식적으로 확인된 외계 행성만 해도 4,000개 이상이고 한 개 이상의 행성을 보유한 외계 행성계 역시 650개를 넘어섰다. 외계 행성 탐사는 관측 한계 때문에 행성의 질량이 클수록 유리하다. 따라서 큰 천체들이 이미 모두 발견된 태양계에서는, 행성의 정의와 관련해서 명왕성처럼 크기나 질량이 지구형 행성보다 훨씬 작은 왜소 행성이 논쟁의 초점이 되었다면, 외계 행성계에서는 별이 될 수 있는 최소 질량을 갖는 갈색 왜성과 목성보다 수십 배 큰 질량을 갖는 거대 행성을 어떻게 구분할 것인지가 문제된다. 또한 외계 행성들 중에는 중심별에 구속되어 있는 것이 아니라 별들 사이의 우주 공간을 자유로이 떠돌아다니는 경우도 발견된다. 이런 천체들은 애초에 별들처럼 개별적으로 형성되었을 수도 있고 또는 기존의 행성계에서 튕겨져 나왔을 수도 있다. 어쨌든 고대 그리스에서 유래한 행성 용어의 기원을 연상시키는 이러한 '방랑자' 천체들 역시 행성의 정의에 새로운 혼란을 야기할 수 있을 것이다.

한편, 기존의 태양계 형성 이론에 따르면, 태양계 초기에 중심별인 태양 가까이에는 암석으로 이루어진 작은 지구형 행성들이, 멀리에는 기체로 이루어진 거대한 목성형 행성들이 형성되었다고 생각했지만, 외계 행성계에서는 이런 규칙이 종종 지켜지지 않는 것처럼 보인다. 특히 관측 방법의 한계로 인해 초기에 주로 발견된 '뜨거운 목성(hot jupiter)'들은 중심별까지의 거리가 태양-지구 간 거리보다 훨씬 가까워서 행성계의 형성과 진화에 대한 기존의 '상식'을 뒤흔들어놓았다. 이에 따라 2000년대 초반에 등장한 새로운 이론

옮긴이 후기

에 따르면, 그동안 평화로워 보였던 태양계에서도 사실은 약 40억 년 전에 목성형 행성들이 대대적인 궤도 변화를 겪었을 뿐 아니라 그 과정에서 원시 카이퍼대 천체들이 교란되어 해왕성의 트리톤 포획이나 명왕성의 궤도 변화를 일으켰다고 한다. 또한, 이 당시 태양계 안쪽으로 튕겨진 카이퍼대 천체들이 지구형 행성들 및 달과 충돌하면서 수많은 충돌 구덩이를 생성한 '후기 운석 대충돌기(late heavy bombardment)'를 일으켰다고 생각된다.

태양계 내 행성 정의에 대한 논란이 유독 치열했던 이유는 어쩌면 지구와 같은 행성이야말로 생명의 둥지라는 시각 때문이었는지도 모른다. 따라서 특히 지구처럼 액체 상태 물이 존재할 수 있는 '생명체 거주 가능 영역(habitable zone, HZ)'에 위치한 외계 행성들은 외계 생명체 탐색과 연관되어 더욱 주목받을 수밖에 없다. HZ에 위치하는 지구형 외계 행성은 2019년 현재 15개 정도가 확인되었다. 우리나라도 2009년부터 KMTNet(외계 행성 탐색 시스템)의 1.6미터 구경 망원경을 남반구의 세 곳(남아프리카공화국, 오스트레일리아, 칠레)에 각각 설치해서 24시간 연속으로 미시 중력 렌즈 현상(일반 상대성 이론에 따라, 별의 중력이 렌즈처럼 먼 배경의 빛을 증폭시키는 현상)을 이용해 외계 행성 탐사를 하고 있으며 2017년에 지구 질량과 비슷한 외계 행성을 발견하는 성과를 올렸다.

한편, 반드시 지구형 행성이 아니더라도 태양계 내 목성의 위성인 유로파처럼 거대 기체 행성의 위성들이 지하 바다와 같은 생명체 거주 가능 영역을 품은 장소로서 새롭게 각광 받고 있으므로 앞으로 외계 행성에서도 그 가능성은 무궁무진하다고 할 것이다.

2019년 올해 국제 천문 연맹은 창립 100주년을 맞아 '외계 천체 이름 지어 주기' 행사를 벌이고 있다. 이 책에 소개된 것처럼, 영국의 11세 소녀 베네치아 버니가 1930년 어느 날 명왕성에 이름을 지어 준 이래로 전 세계의 수많은 사람이 무생명의 이 천체에 감정 이입을 하면서 울고 웃었다. 어쩌면, 이 광대한 우주에서 지구라는 외딴 작은 섬에 사는 우리 인간에게 이 모든 것은 김춘수 시인의 「꽃」처럼 누군가가 우리의 이름을 불러 주기를 기다리며 파닥이는 작은 몸짓에 지나지 않을지도 모르겠다.

2019년 여름에
옮긴이 김유제

옮긴이 후기

찾아보기

가

가니메데 22, 40

갈레, 요한 고트프리트(Galle, Johann Gottfried) 44, 52

갈릴레오 탐사선 84~85

갈릴레이, 갈릴레오(Galilei, Galileo) 22, 157, 196

갤머트, 윌(Galmot, Will) 168~169

거대 기체 행성 8, 68, 121, 125, 137, 160, 294

구티에레, 요니 마리(Gutierrez, Joni Marie) 208, 274

구피 212

국부 초은하단 125

국제 연맹 122

국제 천문 연맹(IAU) 8~9, 78, 106~110, 115, 132, 146, 148, 155, 160~161, 166, 175~182, 184, 195~202, 208~209, 216, 218, 222, 224~225, 227, 232~235, 247, 271, 276, 278, 280~282, 284, 290

제26차 IAU 총회 명왕성 관련 투표 179~181

궤도 공명 63

궤도 이심률 59, 240

그레이, 쉬메(Gray, Chemai) 170

그린, 린지(Greene, Lindsey) 174

극대 배열 전파 망원경 208

글리든, 존(Glidden, John) 171~172

금성 8, 18, 20, 41, 54, 56, 82, 86, 98, 121, 123, 125, 126, 152, 207, 217, 229, 243, 263, 284

깅거리치, 오언(Gingerich, Owen) 176

깜박임 비교기 46

나

나이, 빌(Nye, Bill) 75~76, 164, 201

날록, 마이클(Narlock, Michael J.) 184

내펜버거, 폴(Knappenberger, Paul) 16

넵투뉴 27

넵튠 24

노버첵, 마이클(Novacek, Michael) 99, 135

뉴 호라이즌스 탐사선 70~78, 111, 168, 209, 222, 240, 270, 275, 290

뉴먼, 마크(Newman, Mark) 216

뉴턴, 아이작(Newtom, Isaac) 43, 49

닉스 78~79, 209, 275

닉스(농구팀) 218~220

닉슨, 리처드 142

다

대폭발 86

대학 우주 연구 연합 234

댁틸 84~85

댄리, 로라(Danly, Laura) 133~134

데이, 빌(Day, Bill) 34

데이모스 26, 67

데이비드, 레너드(David, Leonard) 154

데이비드슨, 데니스(Davidson, Dennis) 100

돌턴, 데비(Dalton, Debbie) 186

드레슬러, A.J.(Dressler, A.J.) 49~51

드루얀, 앤(Druyan, Ann) 103

디스노미아 148

디즈니 사 28~33, 94~95, 211~212, 223

디즈니, 월트(Disney, Walt) 244, 279

딕슨, 제임스(Dixon, James) 140~141

라

라미레즈, 마누엘 '매니'(Ramirez, Manuel 'Manny') 218

라이트, 랜디(Light, Randi) 194

라플라스, 피에르시몽(Laplace, Pierre-Simon) 43

래비노위츠, 데이비드(Rabinowitz, David) 145~146

래빈, 크리스틴(Lavin, Christine) 94~96, 241

랠프 애펠봄 앤드 어소시에이츠 전시 설계 회사 99

러브, 리자(Loeb, Lisa) 223

러셀(Russell, C. T.) 49~51

러틴, 마이클(Lutin, Michael) 226

레노, 제이(Leno, Jay) 224

레비, 데이비드(Levy, David) 110~111, 118, 153, 156

로리, 리(Lawrie, Lee) 14, 17

로브, 칼(Rove, Karl) 192

로스, 샌드라 프리스트(Rose, Sandra Priest) 7

로스, 프레더릭 피니어스(Rose, Frederick Phineas) 7

로웰, 콘스턴스(Lowell, Constance) 20

로웰, 퍼시벌(Lowell, Percival) 13, 20, 26, 44~47, 78. 93, 241~242, 253

　로웰 천문대 13, 22~26, 47, 92, 262

로처, 딕(Locher, Dick) 34

록키 힐 천문대 162

록펠러 센터 14, 17

롤노스키, 진(Lolnowski, Gene) 195

찾아보기

롤러, 서맨서(Lawler, Samantha) 214

뤼벌, 샐(Ruibal, Sal) 96

르모니에, 피에르 샤를(Lemonnier, Pierre
  Charles) 42

르베리에, 위르뱅장조제프(Leverrier, Urbain-
  Jean-Joseph) 44

리비어, 폴(Revere, Paul) 94

리스, 스티브(Leece, Steve) 173

리우, 찰스(Liu, Charles) 99

리치먼, 키스(Richman, Keith) 209, 276

마

마케마케 233

만화 영화 28~30, 94, 141

매던, 팰코너(Madan, Falconer) 24~25

매던, 헨리(Madan, Henry) 26

매슈스, 콜린(Matthews, Colin) 19

매케인, 존 시드니(McCain, John Sidney) 193

맥기히, 폴(McGehee, Paul) 39

맥밀런, 로버트(McMillan, Robert S.) 143

맥밀런, 에드윈 매티슨(McMillan, Edwin
  Mattison) 27

머니스터, 크레이그(Manister, Craig) 168

머리, 브루스(Murray, Bruce) 40

메시에, 샤를(Messier, Charles) 42

멘델, 웬들(Mendell, Wendell) 155

명왕성

  명왕성 행성의 날 208, 275

  명왕성의 기호 26

  명왕성의 특징 57~60, 239~240

목성 8, 18, 20, 22, 24, 41, 50, 52, 54, 56, 59~60,
  63, 67~70, 82, 86, 89, 121, 127~128, 167,
  205, 207, 217, 223, 227~233, 243, 262, 266,
  284

  목성형 행성 121, 125, 127, 151, 267~269

몬댁, 제프(Mondak, Jeff) 204, 260

몰터, 마이크(Malter, Mike) 194

무어, 제프(Moore, Jeff) 156

미국 방언 협회 223

미국 자연사 박물관 7, 31, 98, 109, 131, 169,
  172, 184, 186, 189, 265, 270

미국 점성가 연맹 225

미국 해군 천문대(USNO) 58, 240

미란다 22

미키마우스 28~29, 33, 211~212

미행성 121

바

배러나 143, 147

버니, 베네치아(Burney, Venetia) 22~26, 295

버니언, 폴(Bunyan, Paul) 94

번스, 댄(Burns, Dan E.) 171

베르슈어, 게리트(Verschuur, Gerrit)
  159~160

베스타 53~54

보로위츠, 앤디(Borowitz, Andy) 218~220

보스버러, 리처드(Vosburgh, Richard) 279

분광형 93

브라운, 라일라(Brown, Lilah) 215

브라운, 마이클(Brown, Michael) 143, 145~146, 148, 214

브라운, 맬컴 와일드(Browne, Malcolm Wilde) 30

브라운리, 돈(Brownlee, Don) 166

브라히, 앙드레(Brahic, Andre) 176

브레너, 하워드(Brenn, Howard) 185

블랑코 망원경 143

블랙홀 86

블러드하운드 28~29

비앙카 22

빈젤, 리처드(Binzel, Richard) 58, 63, 71, 74~75, 131, 176

사

사우스웨스트 연구소(SwRI) 70

사이크스, 마크(Sykes, Mark) 136~140, 158~161, 163, 165~166, 168, 197, 199, 234~235

사이클로트론 26

서머스, 프랭크(Summers, Frank) 99

섭동 43~44, 46, 49

성 크리스토퍼(St. Christopher) 96, 249

성 패트릭 대성당 14

세드나 145, 147, 164

세레스 28, 52~54, 83, 104, 113, 116, 133, 167, 175, 178, 181, 207, 222~223, 226, 229, 233

세이건, 칼(Sagan, Carl) 40, 75, 103

세자르스키, 카트린(Cesarsky, Catherine) 176

셰익스피어, 윌리엄(Shakespeare, William) 22

소벨, 데이바(Sobel, Dava) 176

소터, 스티븐(Soter, Steven) 99, 103, 179~180

소행성 28, 31, 47, 53~55, 64, 67, 81~86, 104, 108, 110~113, 116, 120, 128, 132~133, 139, 153~154, 167, 178, 181, 192~194, 223, 225~226, 229, 231, 246, 284

소행성 사냥꾼 64~65

소행성 점성가 226

소행성대 89, 113, 121, 150, 178, 229, 233, 268

소행성의 위성 84~85

쇼네시, 댄(Shaughnessy, Dan) 217

수성 8, 14, 20, 41. 53~54, 56~58, 82, 86, 89, 98, 121, 123, 125~126, 152, 205~207, 216~217, 229, 232, 243, 262, 284

스미스, 데이브(Smith, Dave) 279

스미스, 매린(Smith, Maryn) 222~223

스미스소니언 항공 우주 박물관 103

스와이저, 제임스(Sweitzer, James) 99

스탁스, 이언(Stocks, Ian) 183

스탠디시 2세, 얼랜드 마일스(Standish Jr., Erland Myles) 50

스텔, 로버트(Staehle, Robert) 161

스탱글, 알렉스(Stangl, Alex) 204, 260

스턴, 앨런(Stern, Alan) 73, 75, 78~79, 110~111, 114~115, 131, 163, 234

스페이스워치 망원경 143

스펜서, 제인(Spencer, Jane) 225

찾아보기

슬론 디지털 전천 탐사 274

시보그, 글렌 시어도어(Seaborg, Glen
　　Theodore) 26

심황도 개관 관측 프로젝트 143

아

아리엘 22

아벨슨, 필립(Abelson, Philip H.) 27

아이다 84~85

아틀라스 14, 17~18, 24

아틀라스 V 로켓 70

아파치 포인트 천문대 208

악스네스, 카레(Aksnes, Kaare) 247

안데르센, 요하네스(Andersen, Johannes)
　　106, 109

암석 왜소행성 167

애덤스, 존 쿠치(Adams, John Couch) 44

애들러 천체 투영관 13~16

애커먼, 셸리(Ackerman, Shelley) 225

얼음 왜소행성 164~165, 167

에리스 146~148, 175, 178, 181, 215, 222~223,
　　226, 233

에스포시토, 래리(Esposito, Larry) 247

에어리, 조지(Airy, George) 44

에이브럼스, 브룩(Abrams, Brooke) 173

에이헌, 마이클(A'Hearn, Michael) 110~111,
　　116, 162

엘리엇, 제임스 루들로(Elliot, James Ludlow)
　　143

엥글하트, 밥(Englehart, Bob) 207

영국 점성술 협회 225

오닐, 브라이언(O'Neill, Brian) 215

오베론 22

오스킨 망원경 143

오스트라이커, 제러마이아 폴(Ostriker,
　　Jeremiah Paul) 135~136

오오트 구름(오르트 구름) 122, 151, 167, 267

오커스 147

올베르스, 하인리히 빌헬름 마토이츠(Olbers,
　　Heinrich Wilhelm Matthäuts) 52

와이네큰, 캐롤린(Wyneken, Karolyn) 214

와타나베 준이치(渡部潤一) 176

왓슨, 윌리엄(Watson, William) 53

왜소행성 8, 19, 146, 167, 181~182, 194, 201,
　　206, 211, 218, 222, 226~227, 233, 272, 276,
　　284, 290, 292~293

외계 생명체 탐사 86

요크, 에머슨(York, Emerson) 186~187

우드, 제임스(Wood, James) 221~222

우라누스 22, 27

우라늄 27

우리 은하 125

우야 133

우주 척도(전시물) 124~129

워런, 말라(Warren, Marla) 195

워서먼, 로런스(Wasserman, Lawrence H.)
　　143

원자 폭탄 27

위버, 핼(Weaver, Hal) 78~79

위성 명명법 22

윌리엄스, 이완(Williams, Iwan) 176

윌리엄스, 테일러(Williams, Taylor) 6

유로파 22

UFO 159

유엔 122

이오 22, 40, 231, 291

이중 조석 제동 63, 291

익사이언 143

입체각 47

자

자팔라, 빈센조(Zappalá, Vincenzo) 64~65

저늘, 케빈(Zahnle, Kevin) 154

전파 침묵 222

제트 추진 연구소(JPL) 40, 85, 161, 214

조지 3세 20

존립 수명 102

주기율표 28

주노 53

주잇. 데이비드(Jewitt, David) 87~90, 142, 154, 177

주평면 행성 164

중력 조력 70

지구 온난화 9

지구형 행성 86, 121, 125~128, 151, 160, 267, 293~294

지나(Xena) 146

차

차베스, 우고(Chavez, Hugo) 192

창, 케네스(Chang, Kenneth) 129~133, 136

천왕성 8, 22, 27, 40~46, 50, 52, 54~55, 59~60, 68~69, 86, 121, 127, 185, 205, 207, 224, 229, 262, 284

체적력 272

카

카론 39, 49, 58, 61~64, 69, 74~75, 78~79, 82, 85, 110, 142, 175, 178~179, 189, 202~203, 207, 209, 233, 245, 275, 291~292

카이퍼, 제라드(Kuiper, Gerard) 87, 89, 97~98, 229

카이퍼대 88, 90, 92, 101, 104, 106, 111~112, 116, 122, 128, 131, 133, 144, 150, 154, 157, 170, 177~179, 215, 229, 266~270, 290

카이퍼대 천체 90, 110, 113, 124, 132, 139, 142, 145, 155, 166~167, 171~172, 177, 181, 276, 290, 292, 294

카이퍼로이드 92

칼리스토 22

캔시어밀러, 조지프(Canciamilla, Joseph) 276

캔티, 시디크(Canty, Siddiq) 237

캘리번 22

커티스, 패멀라(Curtis, Pamela) 130

컬먼 우주 홀 123

컬먼, 도로시(Cullman, Dorothy) 123

컬먼, 루이스(Cullman, Lewis) 123

케인, 줄리언(Kane, Julian) 105

케임브리지 컨퍼런스 네트워크(CCNet) 152~153, 157~158, 168, 265, 282

코페르니쿠스, 니콜라우스(Copernicus, Nicolaus) 54~56, 102, 228, 277

콜버트, 스티븐(Colbert, Stephen) 177

콰오아 143~144, 147, 281

쿨턴, 조너선(Coulton, Jonathan) 202~203, 254, 283

크라우스, 로이(Krause, Roy) 83

크로켓, 데이비(Crockett, Davy) 94

크룩섕크, 데일(Cruikshank, Dale) 155

크리스티, 제임스(Christy, James) 58, 61~62, 75

클라인, 다이앤(Kline, Diane) 189

클라프로트, 마르틴 하인리히(Klaproth, Martin Heinrich) 27

키저, 마크(Kidger, Mark) 157

키치너, 조슈아(Kitchener, Joshua) 154, 157

타

탈출 속도 67, 240

태너, 앤젤러(Tanner, Angelle) 214

태양계 소천체 272

태양풍 70

터너, 허버트 홀(Turner, Herbert Hall) 24~25

테티스 148

토머스, 아이재이어(Thomas, Isiah) 220

토성 8, 18, 20, 33, 40~41, 50, 54, 56, 59~60, 63, 67~68, 84, 86, 121, 127, 205, 207, 214, 217, 229, 231~232, 243, 262, 284

톰보, 클라이드 윌리엄(Tombaugh, Clyde William) 13, 19~20, 47~48, 90~96, 110, 118~119, 143, 146, 162, 208, 239, 242, 246~247, 250, 275~276, 291

톰보 지역 291

톰보 혜성 118

트로스트, 매들린(Trost, Madeline) 186, 188

트로이 전쟁 148

트루히요, 채드(Trujillo, Chad) 143, 145

트리니티 시험장 27

파

파이오니어 호 67~68

파이오니어 호 명판(태양계 지도) 68

팔라스 28, 53

펄스헥 앤드 파트너스 건축 회사 99

페디(Fedi) 168

페리스, 티머시(Ferris, Timothy) 162

페이서, 베니(Peiser, Benny J.) 152~153, 157~158, 282

펠레우스 148

포드, 제럴드(Ford, Gerald R.) 142

포보스 26, 67

푸터, 엘런(Futter, Ellen) 98

프랜시스, 에릭(Francis, Eric) 226

프리드먼, 데이비드(Freedman, David H.)

103
프리드먼, 루(Friedman, Lou) 40
플라네테스 56
플래그스태프 관측소 58
플래토, 아이라(Flatow, Ira) 234
플루토 워터(광천수 하제) 20~21, 24
플루토늄 26~27
플루토이드(명왕성형 천체) 233~234
플루토크라시(금권주의) 31~32
플루티노 132
피아치, 주세페(Piazzi, Giuseppi) 52

하

하데스 189
하우메아 233
하치, 앤(Harch, Ann) 84
할레 관현악단 19
해링턴, 로버트 서턴(Harrington, Robert
    Sutton) 62
해왕성 8, 14, 18, 27, 40, 44, 46~47, 49~52, 55,
    58~60, 63, 68~69, 86~90, 103, 107, 116,
    121, 127, 131~132, 142, 144, 147, 157, 165,
    167, 191, 205~207, 215~217, 229, 233, 243,
    245, 262, 284, 292, 294
    초해왕성형 행성 165
    해왕성 바깥 천체(TNO) 107, 117, 281, 284
핼리, 에드먼드(Halley, Edmond) 43
행성 X 13, 20, 41, 45~47, 50~51, 93~94,
    241~242, 253

행성
    행성 명명법 22
    행성의 개수 52~56
    행성의 정의 175~181, 227~229, 261, 272
    행성 이름 암기법 36~38
    행성 장례식 213
    행성 주전원 137
허블 우주 망원경 78~79
허셜, 윌리엄(Hershel, William) 20, 27,
    41~43, 52~53
헌트리스, 웨슬리(Huntress, Wesley) 166~167
헤럴드, 데이브(Herald, Dave) 185
헤르츠스프룽-러셀도 93
헤이든 천체 투영관 7~8, 98~99, 119~120,
    137, 144~145, 158, 172, 189, 266, 268
헨리, 존(Henry, John) 94
홀스트, 구스타브(Holst, Gustav) 19
화성 8, 18, 20, 26, 44, 46, 52, 54, 56, 61, 86,
    89, 102, 116, 121, 152, 167, 207, 217, 223,
    228~229, 231, 233, 243, 263, 266, 284
    화성인 46
히드라 78~79, 209, 275
힐튼, 패리스(Hilton, Paris)

옮긴이 김유제

서울 대학교 천문학과를 졸업하고, 미시간 대학교에서 행성 대기학으로 박사 학위를 받았다. 미
시간 대학교 박사 후 연구원, (사)한국과학문화재단 객원 선임 연구원, 숙명 여자 대학교, 세종 대
학교, 서울 대학교 강사 등을 역임했다. 현재 한국 천문 올림피아드 사무국장으로 재직하고 있다.

명왕성 연대기

1판 1쇄 찍음 2019년 8월 17일
1판 1쇄 펴냄 2019년 8월 24일

지은이 닐 디그래스 타이슨
옮긴이 김유제
펴낸이 박상준
펴낸곳 (주)사이언스북스

출판등록 1997. 3. 24.(제16-1444호)
(06027) 서울시 강남구 도산대로1길 62
대표전화 515-2000, 팩시밀리 515-2007
편집부 517-4263, 팩시밀리 514-2329
www.sciencebooks.co.kr

한국어판 ⓒ (주)사이언스북스. 2019. Printed in Seoul, Korea.

ISBN 979-11-89198-83-1 03440